茶艺服务教程

职业化操作与管理实务

郑春英　杨谊兴　主编

中国农业出版社

图书在版编目（CIP）数据

茶艺服务教程：职业化操作与管理实务 / 郑春英，杨谊兴主编．—北京：中国农业出版社，2015.5
ISBN 978-7-109-20270-2
Ⅰ．①茶… Ⅱ．①郑… ②杨… Ⅲ．①茶叶－文化－中国－教材 Ⅳ．①TS971
中国版本图书馆CIP数据核字（2015）第063979号

中国农业出版社出版
（北京市朝阳区麦子店街18号楼）
（邮政编码100125）
策划编辑 李梅
责任编辑 李梅

北京中科印刷有限公司印刷 新华书店北京发行所发行
2015年7月第1版 2015年7月北京第1次印刷

开本：710mm×1000mm 1/16 印张：13
字数：250千字
定价：39.80元

编委会 Editorial Board

前言

PREFACE

中国是茶叶的故乡，既是茶叶生产大国，也是消费大国。茶行业是一个民生行业，也是一个“三农”产业。经过近十年的飞速发展，中国茶产业，从事第一、二产业（即茶叶种植与生产加工）的茶农及从事第三产业（即茶叶流通贸易、研发推广、文化创意等服务领域）的人口过亿。茶叶作为农副产品，对于我国经济发展和人民生活具有重要意义。在我国很多茶产区，尤其是中西部地区的一些市县，茶叶是当地农民增产增收的主要来源，也是当地支柱产业。

但是，我国茶叶农产品流通体系还比较薄弱（属鲜活农产品）：一是茶叶市场供求信息传导滞后引发生产盲目性大，茶叶供给势必有很大幅度的波动；二是茶叶收购环节组织化程度低，“农超对接”的产品比重很小，茶农没有价格话语权；三是茶叶生产形式还存在小、散、乱现象，加上茶类多，地域广，上市时间不一，源头调控能力较低；四是近年人力物流等成本高；五是各类批发零售市场收费项目繁多，层层加价现象不少。

因此，如何把国家对农业产业化、农村城镇化、农业现代化战略目标与政策支持落实在茶行业的创新发展中，从而有效满足国内外茶叶市场日趋多元化、精细化的消费需求，这是对北京福建食品行业商会联盟工作的一个挑战。本书是北京福建食品行业商会联盟为规范市场，推动市场发展所做的重要工作之一。

“北京福建食品行业商会联盟”是由北京福建企业总商会旗下三家行业商会——茶业商会、食品调味品商会与水产农特产商会共同发起，组建于2013年。联盟以食品农产品等关联产业为抓手，助推食品与农产品行业产业秩序的规范、健康发展。

福建是茶叶、水产品、水果等鲜活农产品大省。对于包括茶产业在内的食品农产品行业来说，食品安全至关重要。联盟一要关注如何实事求是向公众提供符合行业真实状况与食品安全的权威信息，以期达成全社会对食品安全问题的理性共识；二是充分认识到国家和地方相关的食品农产品安全政策与管控机制最终要落实到从食品农产品生产加工、物流供应到终端销售渠道的规范经营和协同行动上，因此，如何发挥行业商会联盟的资源整合作用亦是重中之重。通过行业内部的专业资源规范行业发展，可以大幅减轻政府监管成本。由于业内人士深入行业实际，来自民间行业组织的自律行为不仅是及时的和专业的，而且能有效服务于那些专注于行业健康发展的经营者。为了实现这一目标，需要调动全社会的积极性，各级共同努力，协同配合，群策群力，携手合作。

基于此，联盟将陆续从茶叶、水产、调味品等行业主营业务着手，组织行业专业人士和顾问专家队伍，对行业发展的传统特色、现实基础以及未来的战略需求做“梳理”与“整理”工作。一方面通过茶产业的历史变革与发展，形成一套联盟发展特色茶文化体系，从而不断完善与提升茶产业发展；另一方面，“物尽其用”有赖于“天尽其时，地尽其力，人尽其才”。

出版《茶艺服务教程——职业化操作与管理实务》一书就是开展和完善联盟工作的一项具体举措。京城食品行业闽商中的“舌尖上的商会”商团群体，如今正致力于集高端生产、专业流通、健康消费为一体的全产业链整合与提升，为京城及周边地区提供“食全食美”的行业服务，为完善茶艺服务规则体系贡献群策群力。本书是内容丰富的茶叶实用资料手册，既是加入联盟的会员的教材和参考资料，也不失为一本茶叶爱好者了解茶叶知识、茶艺操作的普及读物。

出版《茶艺服务教程——职业化操作与管理实务》是联盟发展的一个发端，很多热心人集思广益、奋力协作，才能渐臻初衷。任何针对此书的批评和指教，我们都热切欢迎；对于热心支持本书出版发行的各界人士，我们都万分感谢！愿这本书能陪伴每一位读者分享茶饮带来的快乐，希望能与广大茶友共鉴共勉。

杨谊兴

二零一五年五月

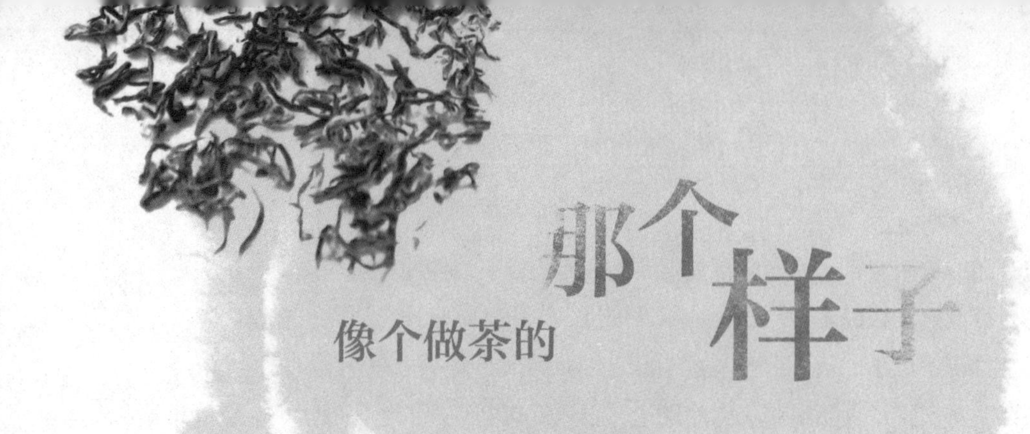

像个做茶的那个样子

茶、咖啡、可可是世界三大无酒精植物性饮料。茶源自中国，中国人发现并利用茶叶已五千多年。

“茶”被古人誉为“群芳最”、“百草英”，在早期是作药食用的，自古就是皇帝赏赐大臣的佳品。唐代医家陈藏器强调：诸药为一病之药，而“茶”为万病之药。茶界当今唯一的中国工程院院士陈宗懋先生一生研究茶叶，他一直在做一件事——为“茶是被世界公认的最好保健饮料”提供现代科学认证。

一个“茶”字，博大精深。

“茶”字，上下结构，草木之中有一人，茶与人在大自然中和谐统一。枝叶生长在云雾缭绕之间，树根扎根于千万年风化的岩石沙土之中，树根和枝叶不间断地吸收天地之间的精华，为茶树的生长提供养分。人体需要的25种元素，茶叶中都含有。

“茶为国饮”。茶能适应各种人群，各种场合，用来养性、联谊、示礼、传情、育德直至陶冶情操、美化生活，是因为茶的情操、茶的本性符合于中华民族的平凡实在、和诚相处、重情好客、勤俭育德、尊老爱幼的民族精神。

茶业贯穿农业、工业、商业乃至精神文化领域，在国民经济发展与人文建设方面有着不可忽视的作用。茶文化在促进社会精神文明建设和社会生产力发展方面发挥着积极作用，有交际功能、信息功能、审美功能、展示功能、教化功能、休闲功能等六大功能。

中国茶文化的核心是“茶艺”与茶道精神。茶艺是制茶、泡茶、品茶的艺术，茶道则是其中蕴含的精神。历代“茶艺”因茶的表现形式不同而各有讲究。比如，唐代煮茶法与现代泡饮法，因茶品不同和使用茶具不同而有很大差异。“茶艺”是一门新的学科。目前，我国农经高校茶学专业开设的是“茶文化学”课程，涵盖了茶叶生产学、加工学、表演学、美学、文学、生物化学及经济学等相关学科，范畴甚广。茶文化不仅是物质和精神的统一，也是形势和内容的融

合；是综合的学科，也是整合的学科。

通过学习制茶、识茶、泡茶等知识而展现赏茶、奉茶、品饮等技艺，并做好规范、传承、创新等专业特色发展的一项茶事活动，我们谓之“茶艺服务”。简单地说，茶艺服务是面对宾客的一种服务。因此，茶艺服务也不仅是涉及经营管理学，还是一项体验活动。不仅是微笑礼仪服务，也是为宾客提供专业的茶叶介绍、茶产品和泡茶、品饮茶等技艺展示的职业服务。所以，日常生活中，我们把茶艺服务者称之为茶艺员、茶艺师、茶人、茶艺工作者，等等。

如今，在我们消费的产品或服务中，如在餐厅、商场、公司、医院、学校、宾馆、旅行社等，我们常常会感到一个问题——不够专业。衣服服饰琳琅满目，穿的文化似乎没有；吃的伊利、蒙牛等品牌乳制品，专业从哪里看？买期房的业主往往得到的与开发商先期售楼时承诺的大相径庭；买汽车的转向国外品牌而冷落国产汽车厂商是与其专业性不够有关？为什么汇丰银行那么有竞争力？为什么哈佛出那么能人？为什么沃尔玛大卖场做得好？为什么麦当劳那么标准化？为什么联合利华一个小品牌“立顿”茶叶就抵得上我国六、七万家茶叶企业总产值？为什么华为让微软也不敢小视？

有企业家说，这些很有名的公司开的好，贵在各个方面都比较职业化。真是一语中的。我们常见的茶店铺，除了专业置备茶制品外，很难遇到职业素养很高的茶艺服务人员。往往专业的员工手册、作业流程及服务训练与培训等工作一概全无，或者说从老板自身就没有自上而下的职业化诉求，没有一个像做茶的“那个样子”，怎么赢得有效执行？何谈发展收益？

现今，餐饮与商业服务业到处缺人，我国地区发展与农村城镇化发展日新月异，沿海与内地发展不再极不平衡，“民工潮”退去了，“用工荒”显现了。导致“无所谓”的服务人员增多，人一无所谓就带来不专业化，那么作为客户该怎么办？除了无奈之外，就只有自己小心了。在“谈吃色变”的今天，我们是不是很感慨每发现一起食品安全事件，除了把自己身体变得百毒不侵外，就得多增加一次化学知识学习？！

而现代茶艺服务从“先求有，再求好”的初级阶段发展到“科学化与专业化”的更高职业化需求阶段了。你的店铺有知名品牌茶，别人可以复制；你有高端茶品，别人也会有；你的店铺装潢高档，别人也可以高级化跟进，等等。怎么办？想怎么办？“茶艺文化再出发”，唯有茶艺服务职业化“软实力”可以胜人一筹。

不要总责备现在的消费者挑剔，因为客户变得越来越不放心。那些在商超里与天福茗茶店一起开设的茶店为什么销售总很难超过它？是不是专业化出偏差了？

我们呼吁茶叶从业者加强茶艺服务专业化训练，模拟茶艺服务操作与管理实务，注重茶艺服务职业化管理。换句话说，就是努力使自己像个做茶的“那个样子”。

杨谊兴

二零一五年五月

目录 Contents

Item 项目 1

职业化概述

茶艺服务

模块一
职业化概念

◆ 像个做茶的“那个样子”代表着比较职业化

有人说，20世纪是可乐的世纪，21世纪是茶的世纪。可口可乐公司和星巴克咖啡等大牌企业与时俱进，相继推出了茶饮料，茶业的确已经进入旋转乾坤的年代。不管你信不信，事实如此。

伴随着茶叶制造工业化、茶园管理环保化、茶叶经营文化化、茶叶商品品牌化等不断的产业提升，茶产业深入发展的基础愈加夯实，茶文化的社会影响愈加强大。同时，也引发了不少问题。比如茶叶买卖价格混乱、多层包装炫目、饮茶氛围不协调、经营文化风格不匹配、茶艺服务表演化有余而服务职业化不足，等等。

〔案例〕

我们喝饮料，好像感觉可口可乐与百事可乐比较像做饮料的；我们喝凉茶，好像感觉原来的王老吉与现在的加多宝比较像做凉茶的；我们逛卖场，好像感觉家乐福和沃尔玛比较像卖场；我们逛商场，好像感觉燕莎友谊商城与世纪金源购物中心比较像商场；我们买电器，好像国美与大中比较像卖电器的；我们吃快餐，好像感觉肯德基与麦当劳比较像做快餐的；我们买茶叶，好像立顿与天福比较像卖茶的……

因此，茶品不单单要表现出茶叶自然属性，还要充分体现社会属性。卖茶与卖快餐有何不同之处？也就是常说的要有做茶的“那个样子”。不管哪一行哪一业，也不管你什么社会分工，我们都面临一个共同的课题——职业化。

〔案例〕

北京外事学校茶艺专业首开内地“茶艺师”职业工种教学先河，“行茶法”便逐渐普及开来。其标杆示范效应是不是职业化的引领？漳州科技学院（原“天福茶技术学院”）的创建发展是不是茶艺服务的职业化教学与实践？我国各地举办的茶博会及新增各式茶餐厅需不需要职业化茶艺服务？

提示

1. 职业化是什么？
2. 茶艺服务为什么需要职业化？

模块二
职业化意识

◆ 四种职业意识

一般来说，职场中有四种不同的职业意识：

第一种人：工作仅为了满足个人的需求。这种人看待的工作就是获得收入、取得成就感、提高个人的社会地位。

第二种人：只满足于安全需求的层次。这种人工作多属于被动型的，工作为了养家糊口，能活下来就是了。

第三种人：考虑的完全是企业的诉求。没有自己的需求，完全就是按照企业的期望来实现企业的目标，似乎像个工作奴隶。

第四种人：把工作跟自己的事业紧密地结合起来。这是积极的职业意识。他若是厨师，就会把客人当做自己家的人对待。

把对应的茶艺岗位留给善于跟进的第四种人，是一个茶叶公司门市部或茶馆及餐饮单位茶艺工作成败的一大要素。在茶艺服务中，宾客不仅关注的是茶艺工作者的工作形象，还关乎其职业礼仪与专业素养。而茶艺专业素养就建立前提就是需要积极的职业意识。

因此，好的职业意识就是设立一个好的目标，用目标来指引工作。这对个人的发展会有很大的帮助。正确的职业意识将带来三个“正能量”：一是改变工作原动力；二是提高个人绩效；三是促进职业生涯的成功。

提示

1. 目前，我在职场中的工作意识及工作价值观是什么？
2. 我希望自己怎么改进职业意识？
3. 我正在通过哪些途径主动钻研业务，不断提高自己的工作技能？

模块三

职业化内涵

很多时候，我们的茶叶店不是没有上等茶品，茶馆不是只有装潢没有特色茶，或者餐厅也并不是缺乏特色，但是，为什么常常让顾客望而却步呢?

或许，你会说茶叶店茶艺员工作技能不达标，不会把茶泡好；茶馆员工工作态度不端正，作强迫式推销；餐厅工作人员道德不佳，对客人置之不理还收取服务费，等等。犹如“盲人摸象”，以偏概全。

茶馆服务人员工作形象上佳，还要善于知茶、识茶、泡茶及其他跟进服务；餐厅工作人员端正工作态度，还要像抓厨艺比赛一样抓好服务工作技能；茶叶店员工懂得泡茶卖茶技能，还要尊重顾客选择，别因顾客选择低价位茶品而调低服务准绳。

因此，同时拥有了工作技能、工作形象、工作态度、工作道德在内的这些内涵，并融会贯通，我们才可以说是像“那个样子”了。这也就是茶艺服务职业化内涵所包括的具体内容。

〔案例〕

近年来，在入秋后铁观音秋茶上市的日子里，我们常常可以看到各地茶叶批发市场茶店里一边是员工在挑拣茶梗，一边是主管在卖茶。或者把茶叶店当做工厂车间，旁若无人地烘焙起乌龙茶来。这些“举措”一开始似乎还能讨好消费者的好奇心，让外行懂得一些茶叶加工制作门道，而后来就更令人们关注起茶叶卫生与工序问题来了。而茶叶从业人员毫无知觉，依然我行我素。一是生产时节“招工荒”，雇工难，茶店员工便兼做了挑拣茶梗工，二是卖茶闲暇无从打发时间，看似一举两得。实际上，挑拣或烘焙行为会让顾客觉得你“不专业”，会认为你的茶叶还没有加工完成就拿出来卖，再有，眼见为实，挑拣完了就完了？食品卫生可是大事。因此，业界同仁与爱茶人必须自我检讨。

个体工商户或非专业连锁加盟店中不乏比较不像“那个样子”者。也许，这些行为与那些茶店的核心文化相关。比如在安溪铁观音集团、华祥苑、八马等铁观音行业市场的引领者的店里，就见不到茶艺服务员工不规范地卖茶而变成“茶叶拣梗工”的例子。

因为推广品牌必须塑造企业核心文化。成功企业不仅有作业手册，还有作业流程等规范制度做保障。这些看似小事或不专业之事与茶艺服务职业化的内涵格格不入。心存职业化意识的老板断然不会任由不职业化行为自由发展。

提示

1. 企业家大前研一的著作《专业主义》为何多次强调职业化?

2. 中国茶界的世界级著名品牌寥寥无几，是否与从业者多数不够职业化有关?

3. 为什么好多茶叶企业的总经理与员工都不太职业化或专业化呢?

模块四 职业化操作

有人说，看一个城市的经济发展，可以看看它的文明发展程度，而看一个城市的文明发展程度，可以看看它的茶叶消费量。

不管是在餐厅以茶佐餐，还是在茶馆休闲品茶抑或家庭休憩时小壶泡茶，茶已经渗透我们的日常生活。不难想象，一个城市人均消费1千克白酒与另一个城市人均消费1千克茶叶有何异同。酒动茶静。不敢说人均茶叶消费的增多一定带来了城市文明，至少可以说茶饮的普及增进了市民的健康，促进了社会和谐。以茶为媒，让大家体会茶的芬芳之前，需要的就是像服务茶艺“那个样子”为大家做茶艺服务。

服务茶艺“那个样子”就是要求茶业界从业人员在普及与推广过程中能以“干一行，像一行”的职业化准则加以约束管理。

〔案例〕

2001年，现任台湾茶叶商业同业公会理事长的游济民先生来北京参访，当时在御茶园店喝茶，主人陈昌道说他的事茶理念是16个字：“生态种茶、科技制茶、科学说茶、规范卖茶”，游先生加了一句“艺术泡茶”，引得茶友叫好。他解释说，不仅仅是种茶，种菜种瓜果等农作物也需要生态或科学培植，但“买卖规范”与“艺术泡茶”就是让茶行要像做茶“那个样子”面向大众。

提示

1. 你在茶庄（茶餐厅）里是否更像一个职业化的主管？
2. 作为茶叶、餐茶管理者，你自己先职业化了吗？
3. 你茶店的员工是否与你一样，像做茶“那个样子”对待茶客？

众所周知，餐饮服务业是窗口行业，能够直接反映一个城市形象和发展水平。餐饮服务人员职业素养至关重要。尤其是老板、总经理、主管和员工的职业化与否，关系到企业成败。

试问：茶艺服务主管和员工，谁先职业化?

“仁者见仁，智者见智”。在我们当前的人文环境和运营机制下，也许职业化的下属可能会看不起非职业化的主管，职业化的主管可能会不屑一顾于非职业化的总经理。总经理若敢做员工的领导，就应该在职业化中比下属员工显现更突出的工作道德、更良好的工作态度、更过硬的工作技能、更卓越的工作形象。老板不是一个让人口服心服的职业化领导，也很难想象他的企业如何基业永固。

模块五
专业化教程

目前，热衷于学习茶艺的爱好者和投身茶行业的投资人越发多了起来。这是茶界的福音，对弘扬我国传统优秀茶文化起到了至关重要的传承作用。同时，也滋生了各培训课程的选择不一、不全面与不规范等问题。比如，“入门级”爱茶人选修茶叶生物化学还是必修茶叶加工学及茶叶经营管理课程？“发烧友”级必修茶树栽培育种学与植物生理学？等等。要说明业余茶叶爱好者如何挑选茶学课程学习书籍，我们先来了解一下我国农经高校茶学专业课程设置概况。

◆ 大学茶学专业课程如何设置?

我国设置茶学专业的大中专院校有几十所。比如浙江大学、安徽农业大学、福建农林大学、四川农业大学、西南农业大学、湖南农业大学、武夷学院，等等。我们看看福建农林大学园艺学院茶学专业各学期专业课程:

大学一年级第一学期：园艺基础与实践、基础化学实验、计算机应用基础、普通化学、英语（一级）、微积分、体育等专业课程及其他选修课程；

大学一年级第二学期：园艺基础与实践、基础化学实验、分析化学、有机化学、英语（二级）、植物学、概率论、大学物理、思想道德修养、毛泽东思想概论、体育等专业课程及其他选修课程；

大学二年级第一学期：园艺基础与实践、基础生物化学、生理化学实验、英语（三级）、农业微生物、实用优化解法、FOXBASE+程序设计、法律基础、邓小平理论概论、政治经济学、体育等专业课程及其他选修课程；

大学二年级第二学期：园艺基础与实践、茶叶生物化学、植物生理学、植物生理学课程论文、茶文化学、生物统计、英语（四级）、农业气象学、土壤学、财务管理、体育等专业课程及其他选修课程；

大学三年级第一学期：园艺学通论、茶树栽培育种学（含实习）、茶树栽培育种学课程论文、农业化学、营养与食品卫生学、专业英语、普通遗传学、农业生态基础、文献检索、测量学（含实习）等专业课程及其他选修课程；

大学三年级第二学期：茶叶加工学（含实习）、茶叶加工学课程论文、茶叶经营管理、茶叶经营管理课程论文、茶叶机械（含实习）、名优茶制作、茶叶研究法、植物病虫害防治、马克思主义哲学等专业课程及其他选修课程；

大学四年级第一学期：茶叶加工学、茶叶市场与贸易、茶叶市场与贸易教学实习、茶叶审评与检验、茶叶审评与检验教学实习、饮料市场学、绿色食品工程等专业课程及其他选修课程；

大学四年级第二学期：主要是联系实习单位进行专业实习，或者推进实验项目，提交茶学论文与论文答辩等。

◆ 爱茶人如何选择茶叶培训课程？

当前，除了大中专院校专业教学茶学课程外，培训茶艺师与评茶师的社会机构众多，发展程度参差不齐，褒贬不一。毕竟机构培训不是为了学生学历教学，而是重在对业余爱好者普及教授茶学基础知识与弘扬推广茶文化。因此，学员是在培训机构的引领下接受课程安排，而达不到自主选择。就算是“入门”而成“发烧友”了，也对当下众多的茶书难以精确选择。太多选择就无从选择，凭兴趣爱好就是最多的选择。

结合大学专业课程目录，我们业余茶叶爱好者可以略知一二了。除了茶文化学必选外，茶品茶鉴（知茶）、专业泡茶与茶艺行茶法（泡茶）、茶叶审评与检验（评茶）不可或缺。对于我国茶叶这一地域性特色产品来说，可能大家会因来自自己所在产茶区而偏爱某类茶品，这不足为奇。“君从故乡来，应知故乡事”。把自己家乡的茶叶名品做一个交流推广是一件令人引以为豪的事情。不爱家乡的人怎么爱国？不爱母亲的人怎么爱家？不爱学校的人怎么爱社会？

〔案例〕

餐饮行业的茶艺服务培训是企业员工职业素养培训的课程之一。试看春潮茶文化发展中心对某餐饮集团茶艺服务培训课程编排。

第1天：茶的礼仪文化。即礼仪的由来、古代茶礼习俗、茶礼的具体内容；

第2天：茶文化历史发展。即茶的由来、历史变迁（有影响的茶人、茶诗词）、十大茶类的形成；

第3天：认识名茶。即名茶的介绍（茶的故事和传说）、名茶的产区；

第4天：认识绿茶。即什么叫绿茶、绿茶的特点、绿茶与健康、如何冲泡绿茶、绿茶名茶鉴赏；

第5天：泡茶技能。即认识餐茶中的绿茶、餐茶的服务流程、壶泡法、杯泡法；

第6天：认识红茶。即什么叫红茶、红茶的特点、红茶与健康、如何冲泡红茶、红茶名茶鉴赏；

第7天：泡茶技能。即认识餐茶中的红茶、餐茶的服务流程、壶泡法、杯泡法；

第8天：认识乌龙茶。即什么叫乌龙茶、乌龙茶的特点、乌龙茶与健康、如何冲泡乌龙茶、乌龙茶的名茶鉴赏；

第9天：泡茶技能。即认识餐茶中的乌龙茶、餐茶的服务流程、壶泡法、杯泡法；

第10天：认识普洱茶。即什么叫普洱茶、普洱茶的特点、普洱茶与健康、如何冲泡普洱茶、普洱茶名茶鉴赏；

第11天：泡茶技能。即认识餐茶中的普洱茶、餐茶的服务流程、壶泡法、杯泡法；

第12天：认识花茶。即什么叫花茶、花茶的特点、花茶与健康、如何冲泡花茶、花茶名茶鉴赏；

第13天：泡茶技能。即认识餐茶中的花茶、餐茶的服务流程、壶泡法、杯泡法；

第14天：茶与水的关系。即品茶与用水的关系、泡茶要素、如何泡好一杯茶、茶具的正确清洗与保养；

第15天：茶的基础知识。即茶叶的选购、储存与保管、如何选择储茶器；

第16天：实训泡茶技能。即了解并掌握餐饮集团茶单、各种茶的餐茶中的服务流程、自主实操练习；

第17天：餐茶的基础知识。即餐茶的基本概念、餐茶的发展由来、茶艺服务与待客服务的共性与区别、服务时处理事情的具体原则、方法和技巧等、大宅门餐茶服务标准；

第18天：茶艺服务与餐茶。即认识茶艺服务所包含的内容、餐茶的经营与管理；

第19天：餐茶培训考核。协同餐饮集团服务标准。

提示

1. 如何让自己的茶学知识专业化起来？

2. 是不是买了几十本茶书就算是茶艺服务职业化了？

3. 茶艺培训机构怎么加强职业化自我管理？

Item 项目 2

礼仪规范

茶艺服务

模块一

职业礼仪

◆ 良好的职业礼仪

良好的职业礼仪体现出一个公司的面貌和文化。在茶艺服务过程中以礼待人，言行举止得体优雅。首当其冲要做到微笑待客，迎客、待客与送客保持微笑是赢得客人美好印象的第一前提；其次，言语交流要简明扼要、言简意赅，认真回答客人关心的问题；第三，善于观察宾客表情变化，做出相关回应，展现个人良好素养魅力；最后，认真服务，把茶讲好，把茶泡好。认真，就是讲究茶艺动作娴熟、准确、从容，尽量少失误、不失态，让客人由衷佩服、进而折服公司专业化程度。

商务人员不仅重视个人形象，同时也十分遵从规范的、得体的方式塑造、维护自己的个人形象。

模块二

礼仪内容

茶艺服务人员不可避免地要与人接触，自然就经常涉及职业礼仪。职业礼仪主要包括仪表礼仪、仪态礼仪、谈话礼仪、名片礼仪、介绍礼仪、座次礼仪、拜访与接待礼仪、就餐礼仪、电话礼仪等方面。

◆ 仪表礼仪

关于仪表礼仪，总体要求是端庄、整洁。

男职员的仪容、仪表自检表：

头发	是否梳理得很好；是否没有头皮屑、洗得很干净。
眼睛	是否没有充血或疲倦困顿的神态，目光清澈。
鼻子	是否已经剪了鼻毛，使其不露在外面。
胡子	是否刮（剃）干净了。
口腔	是否没有异味；牙缝里有没有食品碎屑。
耳朵	是否有耳屎。
手	是否清洁；指甲是否修剪得整齐。
胸卡	是否戴正。
西装	是否干净；熨烫得是否整齐；是否单一颜色或者是浅花纹类的颜色；西裤是否盖住皮鞋；上装口袋（胸兜）上是否插着笔；衣袋内是否鼓鼓囊囊。
衬衫	没有放在西裤外；领口与袖口是否清洁。
领带	没有肮脏、破损或歪斜松弛。
皮鞋	是否与西装搭配；鞋子后跟是否磨损严重；是否擦得干净。
袜子	是否与鞋子是同一类颜色。

女职员的仪容、仪表自检表

头发	是否梳洗得很干净整齐；是否佩戴华丽头花或装饰品。
眼睛	是否没有充血或疲倦困顿的神态，目光清澈。
口腔	是否有异味；牙缝里有没有食品碎屑。
化妆	是否淡妆，没有气味浓烈的香水味。
首饰	是否佩戴简单的首饰；没有摇晃的耳环；没有一走路就发出声响的项链。
指甲	指甲油是否淡色；不留长指甲。
胸卡	是否戴正。
服装	不过分华丽；裙子长短适中，没皱褶。

长筒丝袜	没有脱丝。
鞋	鞋跟的高度以中跟或低跟为佳。

◆ 仪态礼仪

关于仪态礼仪，微笑是商务世界通用的通行证。表情美，具有良好的站姿、高雅的坐姿及优美的走姿。比如，站姿：背部是否挺直；坐姿：双腿、双脚是否并拢；走姿：是否抬头挺胸，步履自然而有精神。

〔案例〕

我们常说的注意小节，就是注意个人举止行为的禁忌。一忌：在众人面前咳嗽、打哈欠、打喷嚏等，发出异常声音需要侧身掩面；二忌：在公众场合抓耳搔腮、挖耳鼻、揉眼、搓泥，也不可剔牙、修剪指甲与梳理头发；三忌：公开露面前未把衣裤整理好；四忌：双手抱头；五忌：摆弄手指；六忌：手插口袋；七忌：在公共场所随便乱涂乱画；八忌：举止行为傲慢、目中无人、不信任或者轻视他人。

提示

1. 如何练习微笑？

2. 为什么自己的仪表、仪态给别人带来了不好的印象？

◆ 谈话礼仪

谈话礼仪是指如何用恰当的语言进行沟通与商谈，包括表达的要领，对话的空间与距离，礼貌与言辞以及谈话技巧等。

由于交往性质的不同，个体空间的限定范围也有所不同。一般交往中存在四种人际距离：公共距离3.5米以上；礼仪距离2至3米；常规距离0.75米至1.5米；私人距离在0.45米以内。

〔案例〕

商务交往中六种不得涉及的话题：不非议国家和政府；不涉及国家和行业机密；不涉及对方内部的事情；不能在背后讲领导、同事、同行的坏话；不要谈论格调不高的问题；不涉及私人问题（收入、年龄、婚姻家庭、健康、经历）。

谈话时要高度重视三点：接受对方、尊重对方、讲求言辞美。比如，拒绝人家有直接拒绝、婉言拒绝、沉默拒绝与回避拒绝等方式方法，你的客人很欣赏你，若约你听音乐会或一起参加茶博会，倘若公司有规定不能接受客户此类邀请。你可以说："听说这场音乐会（这次茶博会）水平很高，但是我今天和别人有约了，很遗憾，但是还是谢谢你。"

提示

1. 给人道歉时的文明规范用语有哪些？
2. 规劝与批评人的说话技巧注意什么？
3. 争辩中需要记住哪些要点？

◆ 名片礼仪

名片，犹如一个人的脸面。名片礼仪包括递交名片与接受时的细节。现今不少人滥发名片。比如，巧遇或者陌生的人过早发名片，有推销嫌疑；对方没要求，就在年长的主管面前主动出示名片等。接受名片应起身站立，双手捧接，认真默读并就不认识的作询问，不要随便放裤兜里，而应是上衣衣兜里。

◆ 介绍礼仪

介绍一般分三种。即介绍自己、介绍他人、介绍集体。介绍礼仪需注意实事求是，掌握分寸，不能胡乱吹捧，以免被介绍人处于尴尬地位。

〔案例〕

介绍他人时的规则是先卑后尊。应先把地位低的介绍给地位高的；先把年轻的介绍给年长的；先把本公司的介绍给别的公司的；先把男性介绍给女性（若男女年龄差别很大，女性年轻，可把女性介绍给男性）；介绍来宾与主人认识时，应先介绍主人，后介绍来宾；介绍与会先到者与后来者认识时，应先介绍后来者，后介绍先来者。

提示

1. 怎么介绍集体？
2. 称呼的称谓语有何分类？
3. 见面怎么握手？

◆ 座次礼仪

座次礼仪包括行进中的位次排列、上下楼梯的次序、出入房门的次序、共乘电梯的次序、乘车座次、会客及谈判的位次等。

◆ 拜访礼仪

无论是有求于人还是人求于己，都不可失礼于人，否则有损自己与公司的形象。公务拜访不仅事先要做好准备，还要注意谈话礼仪。接待预约访客或临时访客时的谈话要称职。

◆ 就餐礼仪

商务招待的就餐礼仪包括自助餐、西餐与中餐礼仪。

◆ 电话礼仪

电话礼仪方面，你是否做到彬彬有礼？接听手机、电话是否及时与礼貌应答很有讲究。

Item 项目 3

操作规范

茶艺服务

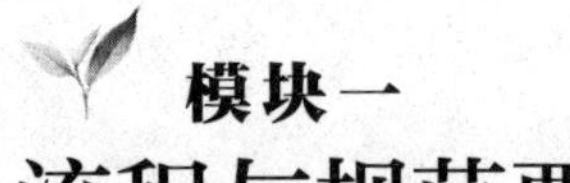

模块一

流程与规范要领

饮茶普及，使得茶道的发展有了广阔空间。茶艺以丰富多彩的形态被应用在现代生活，拓展了现代人们生活的领域。

不管是居家饮茶，还是在茶（艺）馆、茶楼场所饮茶，抑或品饮“下午茶”，茶艺操作流程不尽相同，但相关要领基本相同，有同样的规范要求。我们从准备工作到收拾工作分三个阶段来讲。

◆ 前置阶段

包括订立时间、选择空间、整理品茗环境、备妥道具、营造品茗氛围等准备事项。

茶桌。站立式茶艺和席地式茶艺对茶桌的要求不同。茶艺专家郑春英1997年编著的《茶艺概论》教材里谈到站立式茶艺茶桌高度68至70厘米、长度88厘米及宽度60厘米为宜，席地式茶艺茶桌高度48厘米、长度88厘米及宽度60厘米为宜。如今茶桌都很大，茶艺从业者往往放置了竹制、木质及砚石茶盘作为泡茶台待客。根据自身高度与舒适度衡量选取适当的茶桌高度、长度及宽度在居家饮茶最为合适。

茶椅。有靠背或无靠背的都常见。随着装潢高档化，高级的有扶手的茶椅愈发多见。不仅坐的舒适，还有观赏价值。

茶具。茶桌上怎样摆放茶具？我们通常用三等分的方式，从茶桌泡茶者的左侧为一等分：摆放备水器（随手泡），中间分为二等分，分为上下两个部分，上：（闻、品杯，杯垫）下：（壶、壶承、水方、公道杯），右侧为三等分：（茶艺用具、茶仓、茶巾）

备茶、备水、茶乐、插花、茶挂、焚香等举措营造品茗氛围。茶艺是结合科学、美学与哲学的学科，茶具颜色与室内色彩相互协调、搭配有利于品茗感受。

品茗以5人为佳。茶会若5人以上，要设置茶几用于放置茶杯之用。

◆ **操作阶段**

迎接宾客：迎宾员引领客人进入茶室，问好人数及需求，引领到适当的位置

拉椅让座：主动为客人拉椅让座

递送茶单：双手将茶单递送给客人

推荐茶品：适时地为客人介绍茶品。

沏泡服务：用正确的方法为客人沏泡所点的茶品。

结账收款：为客人算好价格结账收款。

恭送宾客：为客人拉椅、送客。

送走宾客后，要收拾整理好茶具，将茶具洁净后摆放好，以便再次使用。清洁茶具时，让其自干为佳。如用茶巾擦拭，只宜拭外，切忌拭内。有盖的茶具要开口以待，盖需仰放。

模块二

茶叶店（门市）作业流程

关于作业流程与规范要领的了解，再举个“奉茶”的例子来说明。比如，早期台湾民间亦多路边“奉茶”，施茶者恐怕旅人因过于口渴，在长途跋涉后，喝茶太急呛到，便在茶中放入干净小段稻秆，避免一口吃干。

放入的这“干净小段稻秆”，就是我们所说的作业流程内容之一，显而易见的效果就是满足了他人解渴物质之需，也展现了精神功能，即可见仁善胸怀。

当然，一个“职业化”的茶叶专业企业要想持续引领业界目光，不可能漫不经心地等待员工被动自发，而是主动自觉地知道哪一个步骤需要实施投放那一“干净小段稻秆”。也就是要茶艺从业人员像个做茶的“那个样子”。

我们以茶叶公司门市部为例，具体说明作业流程。

◆ 营业前准备

① 营业前15分钟，2位当班人员在场，开门进入店内。一般情况下，禁止随意打开店门，以保证茶叶商品安全。需注意的是，不宜在店内吃早餐。

〔案例〕

举例：茶叶店（门市）的一天。开门之前，为了让自己看起来很清爽、舒服，员工都要聚集在镜子前，整理仪容，头发、化妆。开门前的热闹景象，一天的工作也自此揭开序幕。

<table>
<tr><th colspan="3">工作项目</th><th>注意要点</th></tr>
<tr><td colspan="3">整理仪容</td><td>基础美仪化妆、仪容检查（请参考“仪容检查表”）</td></tr>
<tr><td colspan="3">开门</td><td>零钱、包装材料、纸袋、环保塑料袋、手提袋、剪刀等用品补充</td></tr>
<tr><td colspan="3">清洁工作</td><td>天花板、地板、陈列柜、茶罐、洗水间、水槽，走廊、地毯、吊牌、品茗桌、贵宾桌、柜台、产品、奉茶用品，等等</td></tr>
<tr><td colspan="3">泡浓缩茶</td><td>150毫升（水量）、3克（茶量）、5分钟（时间）</td></tr>
<tr><td rowspan="10">例行作业</td><td rowspan="4">销售</td><td>奉茶</td><td>欢迎光临、30秒内奉茶、告知茶名、态度亲切</td></tr>
<tr><td>销售应对</td><td>专业知识、茶具、茶叶分类、泡茶、养壶</td></tr>
<tr><td>秤茶包装</td><td>换茶原则、添加原则、包装原则与方法</td></tr>
<tr><td>收银</td><td>收取金额、收银用语、收银机操作、开具发票</td></tr>
<tr><td colspan="2">电话接听</td><td>响三声、报姓名、招呼问候、聆听内容、复诵</td></tr>
<tr><td colspan="2">补货</td><td>仓库存货位置、先进先出</td></tr>
<tr><td colspan="2">清洁维护</td><td>陈列柜、茶罐、洗手间、水槽，品茗桌、贵宾桌、柜台、饮水机、消毒柜等</td></tr>
<tr><td colspan="2">客户联系</td><td>客户喝茶购买习性、兴趣喜好、告知讯息、邀约问候、新产品上市或促销活动的告知</td></tr>
<tr><td colspan="2">收拾整理</td><td>巡视开关、清洗用品</td></tr>
<tr><td colspan="2">结账打烊</td><td>销货日报表金额 = 收银机金额、盘点零用金</td></tr>
</table>

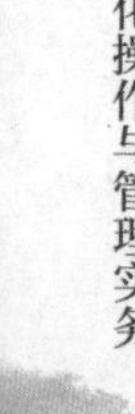

看完了以上项目及其注意要点，应该就会对门市一天的工作内容有所了解了。最重要的是，在开门之前，记得照照镜子，检查仪容。

② 开门后，在未正式进入上班时间内，穿好制服，佩戴好工牌，化好淡妆，随时以最佳的面貌和精神状态接待顾客。

〔案例〕

仪容检查表

序号	仪容检查事项	是	否
1	穿制服		
2	化淡妆（至少擦口红）		
3	头发整齐、不凌乱		
4	戴名牌		
5	穿丝袜		
6	鞋子干净合宜，不穿布鞋（以黑色皮鞋为主）		
7	面带微笑		

以上的仪容仪表检查事项，请记住：趁开门前做好修正！

③ 打开音响，准备当日的轻音乐曲目备播。

④ 电茶壶（或茶艺炉）加上专用泡茶用水。

⑤ 清点好上一班值勤人员登记在册的钱币数量是否准确无误。

⑥ 促销台上摆上泡茶用具。

⑦ 品茗区需备妥冲泡茶叶样品若干，并作记录。

⑧ 检查品茗区与专卖区及促销台摆放的相应用品，以便随时可以开展有序的工作。

⑨ 一般在无客人的情况下，可以进行卫生清扫、商品陈列、库存整理、门市沟通、店外叫卖与奉茶等经营管理工作。具体说明如下：

卫生清扫

A　卫生要求是保持店内干净整洁、无水渍、无蜘蛛网、无灰尘，卫生的打扫是从上到下做起，注意死角。

B　茶叶礼盒注意不要用湿布擦拭，紫砂器具不宜用坚硬的东西擦拭，而且注意盯防碰撞。

C　品茗杯要注意清洗干净，不得有茶垢、口红等污渍。

D　有置备茶艺炉的门市，需要将品茗杯放在茶艺炉上并烧煮至水沸状态；或者经由专用消毒杀菌器具处理，严禁未经消毒杀菌就给客人使用。

E　清洁台必须保持台面的干净整洁。

F　地板应做到干净无水渍，不得洒有点点滴滴的水痕，以免客人滑倒，拖地后宜用干布擦拭。

G　卫生是不固定在某个阶段与时段的工作，它是随时随地都需要发现并适时、及时打扫。

库存整理

A　商品库存要做到归类存放，一目了然。

B　商品库存要做到先进先出，及时清理库存较久的商品。

C　随时了解商品库存位置和库存数量，以便配合客人需求作推荐，同时也便于订货。

D　补充货源一般可根据商品陈列面相应的橱柜作相应的商品库存。

E　库存商品不宜直接陈列在地上，应注意防潮串味。

F　拿取商品需轻拿轻放。

门市沟通

A　将公司公文、上级领导的要求和安排、主管会议与材料等下传到每一位员工，以期目标一致，行动一致，执行无障碍。

B　门市目标、计划、进展情况及时总结检讨，以期每个员工了解和清楚，既有团队协同力，又有个人能动力。

C　不定期做专业知识培训和销售技巧演练。

D　针对门市具体经营状况，做门市改善探讨。

E　市场信息反馈和会员客户资料整理、客情关系的维系。

店外叫卖与奉茶

A　通过店外叫卖吸引顾客进入店内。

B　通过店外奉茶吸引顾客进入店内。

C　店外奉茶时应向客人解释说：“请品尝早春绿茶”或“请品尝新茶铁观音”。

D　需要加强品牌推广时，就以“请品尝一杯我们汲香阁茶叶公司生产的花茶（绿茶）”来向客人解释，以便突出这里是汲香阁品牌的专卖店，进而让更多的人知道汲香阁茶叶公司。

E　店内接电话时，应使用标准用语：“您好，汲香阁很高兴为您服务！”

俗话说：“磨刀不误砍柴工”。总之，营业前的准备非常重要，事前多准备，可以尽量有效地避免销售中发生的问题。

◆ 营业中顾客接待

① 在整个营业过程中，请严格按照“茶艺服务——礼仪规范”标准执行。

② 客人进店后，应有“欢迎光临”的呼声，声音响亮、整齐，面对客人，面带微笑，邀请要真诚，发自内心。

〔案例〕

微笑服务

一、前提

人们无论是销售哪一类产品或提供一项服务，实际上都是在销售一种服务。

二、亲切诚恳的服务

从微笑开始面对新顾客及老客户，“真诚的服务 + 发自内心的欢迎”所散发出来的将是最有气质的微笑。

三、情感的分享

情感联结的重要性：让你的产品与情感利益挂起钩来，你会成为销售上的成功者。

四、赞美

（一）不论是介绍商品或是建议、说服，都可以活用赞美来增加顾客好感。

有几个方向，可供赞美的题材：

1. 顾客的物品，包括：服饰、宠物、车子、房子

【例】啊！您今天穿的衣服很流行哦！

2. 顾客的人际，包括：家人、亲戚、朋友、同事、同学

【例】你弟弟今年考上北京师范大学，好厉害！

3. 顾客的条件

A 工作

【例】王先生，您的工作很有挑战性，每天可以接触不同的客人。

B 职位、地位

【例】您这么年轻就当经理，真令人羡慕，您是怎么做到的？

C 才能、专才

【例】您一个月做这么高的业绩，真能干！

D 学历、履历

【例】您真会念书，念到博士，是专家呢！

E 茶叶、茶艺知识

【例】您一下子就能喝出是什么茶，不简单，您对茶很有研究哦！

（二）赞美顾客注意一些原则

1. 由衷地赞美

2. 赞美的内容要具体，有事实依据

3. 一次不要赞美太多点

4. 与顾客对话中，适度赞美

5. 最重要的是要用心观察顾客与平日不同的地方，以作为赞美的题材

掌握以上的原则，赞美再也不是难事了，就等你开口。但别忘了，一切得从微笑开始。

③ 客人进店后30秒内必须奉上第一杯茶；如果客人停留超过3分钟，应奉上第二杯茶；超过5分钟，最好奉上第三杯茶，每一次奉茶尽量是不同种类，奉茶时要注意茶味浓淡、冷热，并报上茶名。

④ 有客人在店，相互之间应做好配合，协同应对。切忌“一窝蜂”似地拥过去，七嘴八舌的抢着说话。建议由客人所处区域的当班负责人“接待”。

⑤ 有客人在店，员工不得旁若无人地高谈阔论或喧哗、打闹及私底下议论、谈及业绩事项。

⑥ 有客人在店，员工不得接打私人电话，客人经过你面前时应让道，向客人点头致意。

⑦ 接待客人时，通过有效的询问并迅速判断客人是本地人还是外地人，喜欢什么样的茶叶、口味如何，自用还是送礼……进而了解客人的信息越多，越能有针对性地担当客户买卖顾问，服务好顾客。同时运用恰当的说话艺术，充分掌握顾客心理。

A　推销时，不要过于急切。要根据客人的性格特点做适当的、合理的推荐，不宜作强迫式销售。

B　推销时，不要怕麻烦。如果客人注视某件商品时，最好能拿下来给客人看，能打开的可打开，能闻的就闻，能品饮的就品饮。

C　推销是从客人拒绝开始的。客人说随便看看，并不是说不买，有些话并不

是客人真实意思的表达，要善于缓解客人的压力；

D　要关心客人，吸引客人的兴趣；客人一句话不说，有些员工感觉不自在，不知从何下手，场面十分尴尬，可考虑给客人自由呼吸的空间，“买不买没有关系，欢迎参观”。

E　不说话的客人在看某一区域时，可作简单的概括介绍，也可简单做公司介绍。留一定距离，但视线要能留意到客人，而不能放任客人不管。

⑧ 接待时，要能真正替客人着想。

A　客人手提较重物品，要帮助客人放置好。客人的物品需有人看管，客人带小孩，要有人帮着照看，与客人偕同而来的人，也不能冷落……总之，让客人选购时无牵挂羁绊。

B　客人看简装或袋装茶叶时，可了解试探性发问“平时喜欢喝花茶还是绿茶”或“平时喜欢喝乌龙茶还是红茶”、“需要看一下什么价位的茶”，配合客人眼光的停留位置，拿一些中低价位的先给客人看，观察客人的细微反应，寻求一个买卖平衡点。

C　客人看礼盒时，主要了解客人期望价格与款式，再拿相应的价位及款式礼盒作推荐，客人所需量较大时，结合库存量，尽量不要推荐紧缺货品。

D　推荐中，要有主次，以其中某一种货品作强力推荐，陈述最适合客人的理由，一次不要介绍太多产品，以2至3个品种为宜，太多，客人反而不易作出决定。

E　推荐商品，不宜一次性把产品所有卖点都说出来，要选择不同时机说不同的话，选择不一样的表达方式，增加客户购买的决心。

F　拿取商品、包装商品要迅速、专业，尽量不要让客人久等。

⑨ 通过叫卖和店外奉茶，能将顾客吸引入店内的最好，进入店内的顾客，最好让其坐下品饮试泡，尽量不要让客人站着。

A　分清主次，当前什么工作最重要，就先做，人多时，先照顾最主要的客人；手头的买卖尽量迅速成交，如客人还定不下来，可请客人慢慢选；人少时，可耐心一些，慢慢跟客人交流。

B　客人坐下后，茶艺员首先要自己突破拘束的心情，主动和顾客沟通、交流，在交谈中掌握顾客的个性，了解顾客的喜好，抓住时机来恰当的表达对顾客的关怀，并努力发现顾客的优点与长处，赞美顾客。

C　善于运用连锁推销，选择了送礼之用的，“需不需要自己带上些”、选择了茶叶，“可看看最最近上市的泡茶器具”、选择了绿茶，“可以试泡一下刚上市的花茶”……

D　员工坐下给客人泡茶，另有员工在一边作配合；拿茶叶、摆用具、加水等，并随着员工的介绍，配合拿商品给客人看。

E　员工坐下给老顾客泡茶，若有顾客进入，应能根据情况请来客户自己泡一下茶，先去接待客人。

⑩ 对持有异议的客人，应善于运用说话的技巧，将模糊不清的异议和拒绝心态变为具体问题，再向顾客解释和说明，尽量达成销售。

⑪ 客人购货较多时，要一样一样清点给客人，请客人验货后，再封上。

⑫ 收顾客现金时，应双手接过现金，并当面给客人点清：“收您1000元钱”，找零时：“找您20元钱，请收好”，不能单手找零或是将钱放在柜台上。

⑬ 客人离开店面，员工要送客“谢谢光临，欢迎您再来”。接待的人最好能送至门口，服务才算是完美。

⑭ 严格按照门市规定的价格体系，若有促销所赠积分送茶的，亦按门市促销制度执行。

⑮ 严格门市调货制度，不得以任何理由（如人员少、没车甚至谎报货物数量）借故不调，违者需按照公司奖惩制度处理。

⑯ 客人投诉要高度重视，及时上报，并采取有效措施，及时加以解决。

◆ 交接班

① 接班人应提前30分钟到岗，店主管组织全店成员做好相关事项的上传下达，以及总结每天工作成果，检讨不足，拟定下一步工作计划。

② 店主管检查、核对当班人员促销所赠积分送茶执行情况。

③ 实行“两班倒”制度的门市，上午班收的现金货款，茶艺员在清点并核对好后，在另一茶艺员的陪同下，即时存入公司指定相关银行。

④ 交接双方在确认货品和钱款账实相符后，在销售日报表上签字确认后，交班人才可以下班。

◆ **营业结束**

① 营业结束时，应认真做好销售日报表的核对，做到账款相符。

② 结账后的货款现金不能放在收银台内，应在较安全的地方收捡好，如遇现金较多，应通知主管及时带走。

③ 清扫店面，为次日的良好开始做好准备。

④ 安全巡视后，关好水电，上锁下班。

模块三
茶叶店（门市）作业规范

一个茶叶店或茶艺馆的从业人员，在“呼语”（招呼用语）与“奉茶”当中应掌握最起码的作业规范。

服务规范在不同的场合下有不同的要求。比如在茶叶店（门市）、茶（艺）馆或者茶餐厅等地，要求有所不同。我们讲的茶艺服务规范，从迎宾导位到递送湿巾，进而泡茶奉茶、销售结账，到最后送别宾客，是属于现场茶艺服务规范。

掌握了现场茶艺服务规范，非现场茶艺服务规范也就迎刃而解。

另外，品茗有免费与收费之别，服务的方式方法也有所区别。免费品茗大多数是为了让宾客品尝某种茶品，以宣传或推广这种茶品。收费品茗一般在餐厅或者茶馆，客人三五亲朋有自助泡茶自斟自饮的，也有茶艺表演欣赏的需求，因为待的时间稍长，可能无需茶艺服务人员现场泡茶或表演服务。

〔案例〕

服务项目。服务不能只是口号，必须转化为行动，让顾客感受到，才是真正的服务。想知道那些服务是怎样进行的吗？

① 免费奉茶。

② 免费试泡、试泡满意再买。

③ 免费茶艺教学；善用品茗桌与贵宾桌推动泡茶法，提升茶之艺术感。

④ 本公司茶叶品质新鲜，按季换新茶。

⑤ 电话叫送：门市人员请记得将叫送顾客的姓名、地址、电话、品名与数量记录下来。并要与顾客约定好送货时间，以方便门市人员送货；为避免叫送货有疏失，在备货、送货前与对方确认无误后再送货。

⑥ 代客邮寄。邮寄方式：依顾客喜好选择邮寄方式；邮寄费用：由顾客负担，可参考邮资费表，预收费用，多退少补；邮寄物品必须事先用牛皮纸或较硬纸箱包装好；由门市人员送至邮局邮寄；邮资收据与证明交给店长，以便联络顾客自行取回还是邮寄给顾客；代客邮寄应以先将货款收到为前提，严禁发货后才收钱。

⑦ 茶叶、茶具、茶食品专卖店。

⑧ 直营门市连锁服务。

我们以茶叶公司门市部“新茉莉花茶上市”主题为例，说明作业规范中一些基本功的实施与落实。

◆ 接待语言规范与统一

（一）招呼用语的意义和要求

1. 意义

A 欢迎和感谢客人进店惠顾；

B 体现品牌公司服务意识和服务素质；

C 提醒客人和员工相互注意；

D　营造卖场气氛；

E　向客人传达“新茉莉花茶上市”！

2. 要求

A　任何人进入公司门市，员工必须打招呼：“欢迎光临汲香阁”；

B　客人离店，店员必须相送：“谢谢光临，欢迎您再来”；

C　打招呼时面带微笑，声音洪亮；

D　打招呼发自内心，真诚热情；

E　打招呼尽可能一致整齐；

F　打招呼时尽量面对客人，禁止背对客人、敷衍了事；

G　虽然客人不是你接待，但客人经过你面前时，最好你也能向客人微笑致意：“您好”；

H　送客是专卖店在店内服务的最后一个环节，接待人员应将客人送至门口，微笑直到客人离去；

I　根据不同节日改变招呼用语，如“欢迎光临，新年好！”

〔案例〕

顾客进门，我们要正式上场为顾客服务了。客人来，第一个动作是什么？第一句话又是什么？从何下手？以下介绍平常迎接客人的14招，帮你解决困扰。

迎接客人流程	动作	话语
1. 打招呼	1、面带笑容； 2、奉茶。	欢迎光临！ 先生您好，请您喝一杯某茶！
2. 等待接近时机	若无其事的观察顾客的动作、表情，以便抓住接近顾客的时机。同时，观察顾客感兴趣的是哪一件商品。	
3. 接近客人	以轻快地脚步，面带笑容接近客人，与客人保持适当的距离，让客人有属于自己的空间（不要给客人产生压迫感）	这是我们公司的特色茶，不错哦！ 您需要什么？ 您好，需要我为您服务吗？
4. 询问客人的需要		您是要自己喝还是要送人？ 您要重香气的还是要重滋味的？ 您喝生茶还是熟茶？
5. 推荐商品	1、商品功能的示范； 2、刺激顾客的五官； 3、试泡。	提出卖点； 商品介绍。
6. 说明、建议		回答顾客的问题； 品质保证。 说明售后服务。 其他客人对商品的评价。
7. 成交		
8. 登计录入	将所购买的产品品名、数量填入销货日报表。	
9. 包装	四原则：快速、牢固、美观、节省纸张。	

10. 顾客付款	让顾客看清楚标价卡，确实清点付款金额。	总共X元，收您X元，请稍候（等）！
11. 找零	1、尽量找客人新钞，50元的找零亦尽量找纸钞，避免给一堆铜板； 2、双手将零钱交给顾客。	
12. 商品交付顾客		
13. 关联销售		
14. 行礼、目送顾客离去	1、以感谢的心情面带微笑，送走顾客； 2、如果客人手中提了大包小包，不妨主动拿大提袋，将所有的东西装袋； 3、下雨时，可将门市多的伞做顺水人情借给忘记带伞的客人。	

3. 奖惩措施

建立约束机制是贯彻作业规范实施与落实与否的一大保障。可以借鉴国外一些企业把违反公司制度一次以上、警告无效的处以实行“义工”，如处罚他在公司门市门口“练习”呼语，还未奏效的可以处以“罚没”，但充作“乐捐”，累积奖励基金，按期（如两月）为时间单元，用于发放奖励，按比例（如3：2：1）奖励优秀员工名列前茅者。达到“取之于民、用之于民”。

（二）奉茶的意义与要求

1. 目的（意义）

A 客人进店，奉上一杯新上市花茶，让客人有宾至如归的感觉；

B 客来敬茶，是中国传统美德，也体现品牌公司的服务精神；

C 拉近了与客人之间的距离，陌生的顾客也因此变得熟悉；

D 通过喝新花茶，刺激顾客感官，使之产生兴趣；

E 延长客人在店内的停留时间，增加推荐的服务机会；

F 向顾客传递新茉莉花茶上市的信息！

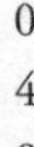

2. 要求

A　奉茶用语：先生（小姐）您好，请您喝一杯某某茶！如为新茶上市，应特别介绍，如“请喝一杯本公司最新推出的新茉莉花茶”；

B　奉茶茶汤浓淡、温度及分量（七分满）要合适；

C　奉茶动作轻快、迅速（客人进店30秒内）；

D　奉茶时需要报出新花茶品名（比如茉莉毛尖、茉莉碧潭飘雪）；

E　奉茶时借助奉茶盘，且盘面无水渍、污渍；

F　奉茶时的高度在肚脐与胸部之间，不宜过高，也不宜太低；

G　双手握奉茶盘的左右两角，以在客人正前方为宜；若有物品或其他服务员挡住时，可于客人之右侧奉茶；左方次之（若有物品或其他服务员挡住时）；不在客人正后方，因为客人转身容易撞到茶盘，溅湿顾客衣服，造成不便。

H　摆放要求（一个杯子，则放中间；两个杯子则对称并排中央；三个杯子，以等边三角形排放）；

I　当客人取走一杯后，还有杯子的应调整摆放位置，再奉茶给下一位客人；

J　奉茶后应及时收杯；

K　奉茶种类可以结合当日促销“新茉莉花茶上市”主题展开，也可以结合时节考虑（9月新花茶上市时，早秋乌龙茶黄金桂也可能上市，也可考虑奉新乌龙茶）。

3. 奖惩措施

没有保障的制度形同虚设。专业公司一定会奖惩结合。

（三）门市部电话接听

门市部电话接听用语随着主题促销活动而改为：“您好！新花茶上市，很高兴为您服务！”

〔案例〕

接听电话。因电话暂时还没有先进到能看到对方的脸孔和肢体语言，所以，电话礼仪将往往成为顾客对你的印象的决定因素。以下，即针对接听电话与打电话注意事项分别说明。

一、接听电话：

序号	请试着回下列问题	是	否
1	电话铃响了，你马上去接吗？		
2	拿起话筒，是否说“您好，我是某某公司某某”		
3	接电话的同时手里有没有笔、纸和电话留言簿？		
4	你是以正常的语调和对方交谈吗？		
5	当对方要找的人不在，正好你接了电话，你是否请对方留话呢？		
6	你告诉顾客待一会儿打电话过去，你是否尽快回话呢？		
7	你听电话的时候是否乱打岔呢？		
8	你所听到的事是否有复诵、确认的习惯呢？		
9	如果你非得离开位子不可，是否跟对方说一声，并轻轻放下听话器呢？		
10	抱怨电话听到一半，若需请别的销售员代替时，是否简单说明自己听到的 内容，没有让顾客重复同样的话？		

如果上面的回答话都是肯定的，那你就是“顾客导向”的销售服务员，值得嘉奖；如果部分是否定的，可要加油哦！

二、电话叫送参考表

当顾客电话叫送时，你要做到的是以下内容：

1. 顾客基本资料

公司名称		联络人	
公司联系电话或手机			
送达地点		送达时间	

2. 购买内容

<table>
<tr><th></th><th>包装形态</th><th>重/数量</th><th>数量</th><th>包装方式</th><th>备注</th></tr>
<tr><td rowspan="2">茶叶名称</td><td>（ ）散茶
单价： 元/50克</td><td>（ ）500克
（ ）50克
（ ）其他</td><td rowspan="2">（ ）盒
（ ）罐</td><td rowspan="2">（ ）装罐
（ ）装盒
（ ）其他</td><td></td></tr>
<tr><td>（ ）袋茶
单价： 元/单位</td><td>（ ）
（ ）</td><td></td></tr>
</table>

三、电话应有的礼节

1. 打电话之前应考虑下列几点：

① 时间：除考虑自己，亦想想对方是否有空，避免上班前、下班后打电话；对于家庭主妇也应避免准备三餐的时间打电话。

一大早或深夜，避免打电话。

② 事先准备说话内容：抓住重点——何时、何地、何人、何物、原因如何，以免遗漏。

2. 打电话需要注意的事项：

① 问候：对方接听后，应立即报自己姓名并打招呼。

② 声调：正如前面提及，肢体语言无效，声音语言最凸显，所以，说话语速要慢，发音必须清晰。

③ 感谢：打完电话，记得谢谢对方并对他所嘱咐的事情，请他放心。

④ 挂电话：等对方先挂电话，然后再将电话轻轻挂断。

3. 12个字让你成为人见人爱的销售服务员：

请、对不起、谢谢、好（是 / 对）、请稍候（等）、再见。

（四）温馨提醒

对新上市的茉莉花茶，如制作细嫩的碧潭飘雪茶，需要提醒冲泡水温不可过高，约在80度为宜。

◆ 促销柜岗位及陈列原则规范

1. 促销柜岗位设置目的和意义

A 通过促销柜的设立及促销岗位的对外招呼，吸引部分客流，创造专卖店气氛，从而提升专卖店业绩；

B 通过促销柜大众化、应季产品的促销，吸引顾客，从而起到宣传品牌公司知名度。

2. 促销柜岗位要求与注意事项

A 促销柜岗位人员可根据当店当班合适人员轮流站位，时刻在岗（店内员工已经没有办法接待驻店的客人数时例外）；

B　按照公司统一着装，统一要求原则；

C　精神饱满、面带微笑、保持愉快心情，做好顾客招呼、咨询及接待工作；

D　保持良好站姿，不得依靠，遵守店规；

E　促销柜是吸引顾客进店的场所之一，能树立品牌形象；

F　促销柜保持清洁、产品摆放整齐，并且及时更换；

G　促销柜摆放最多两款产品，排面3个以上为宜；

H　促销柜摆放产品不得超过3个品种，且要与海报相匹配，相互呼应。

◆ 展示茶及新茉莉花茶快速冲泡标准与规范

1. 展示茶的冲泡（以细嫩的碧潭飘雪茶新花茶为例，展示冲泡方法）

选茶：挑选条索整齐的茶叶 2克左右；

选花：挑选整朵茉莉花四朵左右；

冲泡水温：80度左右；

冲泡时间：即冲即倒。

注意：冲泡两次，然后将茶叶拨入干净的玻璃盖碗中，冲入纯净水七分满即可。

2. “碧潭飘雪”快速冲泡

A　茶量：4克；

B　冲泡器皿：白瓷盖碗杯；

C　冲泡水温：80℃左右；

D　冲泡时间：15秒左右。

◆ 提升“新茉莉花茶”业绩的产品陈列原则须知

① 显而易见；

② 重点突出；

③ 明码实价

④ 全品项（即店内缺货要及时调货）；

⑤ 整洁；

⑥ 分类；

⑦ 及时变更；

⑧ 先进先出；

⑨ 协调；

⑩ 对比；

⑪ 关联。

◆ 带动“新茉莉花茶”关联销售的方法

① 连续奉茶；

② 连续试泡；

③ 适时打开产品礼盒塑封膜；

④ 试泡茶品从销售盒中取出；

⑤ “新茉莉花茶上市”第一时间与店内所有同仁分享。

◆ 售后服务

① 温馨提醒，比如免费5千米里程内的送货；

② 接待工作周到细致，比如送客送至离开；

③ 顾客离店半小时内发送即时即景短信（注意言语措辞正当）。

◆ 其他

① 进店告知；

② 短信告知；

③ 电话告知；

④ 奉茶告知；

⑤ 品茗桌告知；

⑥ 身边朋友告知；

⑦ 周边商户告知；

⑧ 利用商超资源（广播、商场会员）告知。

提示

1. 如何当好一名店长？

2. 店长如何对新进茶艺服务人员的训练记录难点进行教导？

Item 项目 4

茶艺服务

「三段餐茶」应用于现代生活

模块一

"三段餐茶"基本情况

"像每一家餐厅都需有一位厨师才能开业，每一家药房都会配有一位合格药剂师上岗才能够卖药一样，茶馆行业与餐饮行业茶事服务中也该由正职茶师司职才对"，从事餐饮行业餐茶服务实践多年并首创"三段餐茶"的白丁先生认为，"茶艺是一种艺术行为，茶艺师可以是一位艺术家，应该和出色的调酒师、咖啡师或厨师一样，在茶桌与餐桌上表现其应有的社会地位。"

"三段餐茶"论法源于"演绎推理法"故事。据传，苏格拉底的再传弟子——柏拉图的弟子亚里士多德，曾批评过他的师祖和老师的推理，还搞了个"三段论法"。所谓"三段"，指的是大前提、小前提和结论，又可称其为"演绎推理法"——后为中世纪的耶稣教神学所利用，故此大行其道。亚氏的方法核心是"证明真理"，而不是 "寻求真理"，在"三段餐茶"泡茶服务实践中，不仅需要证明，还需要探求。倘用胡适先生"大胆的假设，小心的求证"在思想和治学方面作方法，那么"三段餐茶"就将使茶在社会中扮演的主要社会角色（即社会文化的传承者、社会交际关系的推动者、生活标签展示者、人口素质的呵护者、经济发展推动者与民族风俗的言说者等）进一步凸显出来。

"三段餐茶"适用性的一大前提，就是茶与餐经过多年实践进一步结合，形成了新型的茶餐厅或茶会所；小前提则是正餐间的品茗选择与非正餐时间（即正餐前及正餐后的品茗享受与选用茶点）越发成为一种休闲时尚，体现社会文明程度的标杆之一。此外，"茶为国饮"，中华茶艺代表着华夏礼仪，而从事餐茶服务的茶师则直接代表着茶界的精神面貌。小学乃至少儿茶艺课程广开茶道教程，期盼能与美术、音乐、体育一样，成为教育体系中基础课程的一环，目的是为进一步把它变成生活教育的一部分，以求陶冶性格、美化生活。学琴、绘画与健体的人每天要练数小时，长期磨炼下来才能将艺术的境界表现出来，并称得上

“家”。这时，我们要求的是：业界、茶人们也应该深刻体会泡茶的功夫是茶道表现、茶道体认的基础，而泡茶的功夫必须天天勤加练习，使茶汤能控制得精准。我们在泡茶上所下的功夫不应输给学琴的人。

“三段餐茶”形式上可分为餐前茶、餐间茶与餐后茶。餐前茶，即餐前茶水服务。客人进入餐厅，坐好之后先喝上一杯香高味醇的淡雅清茶，一来稳定心神，二来刺激肠胃，作为开胃之饮，利于进食。这种习惯最早多流行于我国的东南沿海地区的茶楼。那里一般将其称之为早餐茶或早午茶，客人进入茶楼后会先点上一壶或一杯自己中意的清茶，再佐以可口精美的点心，等候正餐时刻到来。这是亲朋团聚、商贸洽谈喜闻乐见的一种社交方式。

时至今日，随着茶饮愈发普及，不仅在茶楼，还在餐厅推而广之，茶香四溢。餐前茶也不仅是局限于早餐茶，而是一日三餐，一餐前后兼而有之。餐餐饮茶，餐餐谈茶，餐餐有着不同的茶。

餐厅茶事服务的灵魂人物是茶师，茶师的工作是为大众泡茶。这时候作为茶界与茶客之间的那道桥梁的茶师，就是协助把茶道理念传出去的最重要的传播者。茶师成了举足轻重的人物。他们天天在最前线说茶泡茶，餐厅接手台（或称泡茶席）就等于是茶师的道场，茶师不但需要诠释，而且必须见证：比如我们的茶是什么样的一种茶，必须依据什么方法才能泡出茶的本源，要抱持着什么态度去“换位思考”客人享受茶汤的美味，能够品出何种境界，秉持着何种服务理念对待客人等。该准备的茶叶、水、壶（杯）具，应全备时半点不许少，该简化时绝无犹豫统统不在话下，还必须锻炼到拥有将一身精到的泡茶功夫在人们喜欢的时间与场地使唤出来的能力与勇气，能够泡足够好以及足够量的茶让所有的人喝得心满意足，大家透过感受他们投放一叶一水的专注眼神脸容、取拿一杯一勺的认真姿势身段、再品尝美味的茶汤，这种茶汤的滋味才有办法直透人们的血肉与灵魂般深刻，让人们信服所谓的茶道精神原来真正存在。

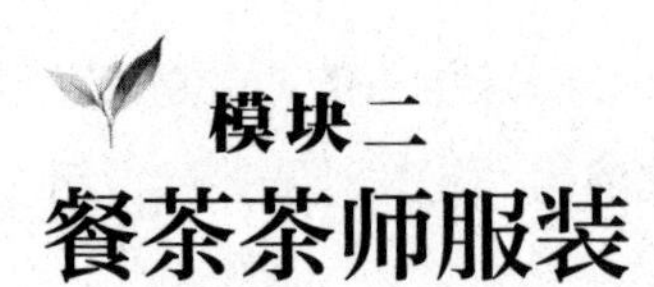

模块二

餐茶茶师服装

谈到泡茶者的着装，会有两类不同的意见。一是泡茶喝茶各有不同的状况，无法要求，二是应有一定的规矩。主张无法要求者的意思并不是指泡茶的层级或当时的情境，而是各有风格上的主张，倘若从艺术的角度衡量，确是无法规范；持第二种看法的人是站在对茶的尊敬，以及从饮食卫生的角度出发的，当然具有颇重的精致性文化要求。

第一种看法因艺术性姑且不说，毕竟需要在餐饮企业厅堂从事茶事服务，不宜过于讲究艺术性。进入第二种看法之时，我们要先解除教条式的框架，如“懂得喝茶的人要穿茶服”，这两层框架一是“懂得喝茶的人”，二是“茶服”。另一个必须解除的是纯属个人主观臆断的说法，如泡茶的服装不可以有太多的线条且颜色要使用中间色系（即不要纯红或纯绿等），这样的说法容易限制茶文化的发展。另一值得商榷的观念是以为谈泡茶者的服装只是为了茶道表演。我们觉得谈泡茶者的服装除包含表演外更应着重在真实生活应用上。

解决了观念上的问题就可以进入泡茶者服装的客观问题了。饮食界的卫生要求在泡茶上是应该遵守的，如头发要束紧，甚或戴上头罩。衣服尽量包住身体避免体味散发，如长袖优于短袖或无袖。袖口不要太宽松以免扫到茶具、浸泡到茶汤。避免飘散的领带与装饰，以免沾到茶汤或碰到茶具。避免太过抢眼的服装款式，免得大家只注意到泡茶者的服饰而忘了泡茶的进行与茶汤的滋味如何。

有些人赞赏穿着代表国家或地区或族群的服装泡茶，因为看来显眼，而且有着特定泡茶风格的代表性，大家不敢太直接批评泡茶者的泡茶功夫。但是除非是以表演为重的场合，否则这样风格的服装仍然要设计得合乎泡茶的功能与规范。

或许是一般茶人未曾深究茶道的内涵，不知道茶道并非只是精美的茶具、漂亮的衣服，加上插花、焚香就成的，更重要的是茶人自身泡茶的功夫与情境、思想、美感的掌控，而这些又都是以泡茶、知茶、赏茶为基础，这些基本功非得依赖不懈地学习与勤加练习才能得到。

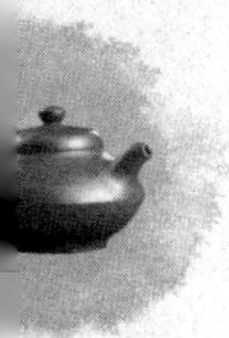

音乐家或画家透过其音乐、绘画将艺术表现出来，举办演奏会、画展请大家来欣赏，或将绘画作品卖出去；茶人们也应该有此能力与价值——将茶泡好，将茶境表现好，并请别人付钱享用。这里需要提及的是，日本家庭茶道邀约表演常提前几个月通知，并花很长时间等候，花去很长时间生火、煮水来表明茶叶以外的茶道价值，似乎提升到“很值钱”的地步，多少不符合我们国家的现实状况。我们以音乐或绘画为例来说明茶道的本体与价值，并以音乐、绘画的基本功夫来说明泡茶在茶道方面的重要意义，而且以音乐与绘画的“有价”来表明茶叶以外的茶艺价值，确实希望茶艺能很快地提升到“很值钱”的地步，提升茶师在职场的社会地位。

所谓泡茶功力、茶道内涵，在许多茶道爱好者共同努力之下，是不欠缺对其认知的，目前我们欠缺的是如何赋与这些美好的理念以应有的价值，而不贬低它的地位。大家不要以为泡茶、喝茶、茶道精神是只属于个人事情，而不能拿来商业化销售，因为对广大喜欢喝茶想要学习茶艺的人群来说，他们也有喝茶、学茶艺的愿望，所以茶界人员有责任把这些“卖”给他们，茶师也有责任选择好着装，以第一印象之好深深印入爱茶人眼里。

模块三 餐茶的茶需要表现其应有地位

在餐前茶服务中，了解茶的分类是十分必要的。因为在一些人的理解当中有很多定义都是错误的，这就需要我们的服务人员去分辨这些错误，尽自己所能的去纠正错误。这里所说的并不是指要服务人员直接地去纠正客人，而是通过正确的服务将正确的理解展示出来。例如，在很多人看来，绿茶和青茶是一样的，都是指绿茶，更有甚者，客人落座之后直接要求为自己上一杯青茶，其实指的是绿茶，但往往是张冠李戴。又如，大家知道的十大名茶中有种产于湖南岳阳市的君山银针，而在花茶中有一种比较普遍的花茶叫茉莉银针，两者都被称为银针，也确实是因为两种茶的形状都是针形，但实质却相差甚远。一种是位列十大名茶，君山特产，香气清淡，味甘醇美；一种是茉莉窨烘，大众茶品，芬芳四溢，饮后齿颊留香。这两种茶又因其自身各有的特点，经常会同时出现在餐厅的茶水单上，于是往往客人在点茶时会省略地只说“银针”，实际上大多数客人点的“银针”所指的是茉莉银针，而只有比较特别的客人才会点君山银针。那么，服务人员如果不能确定客人点的茶而是凭自己的理解来为客人上茶，可想而知，会闹出多少笑话。

那是不是知道了正确的茶叶分类，分得清红，绿，花茶就可以了呢？当然不行，在“三段餐茶”的服务当中仅仅知道茶的分类是远远不够的，还应该了解茶叶的更深层次。

“三段餐茶”的茶要表现其应有的地位，泡茶艺术家需要锤炼，茶师掌席时的工作需要敬重，但是，“三段餐茶”的茶如何表现其应有地位呢？我们说茶汤是茶席的灵魂，那茶一定是茶道上、茶席上、茶桌上最重要的角色，这个角色不需要站出来就自然存在于席上，从开始被收藏在茶罐内，接着被请出来到茶荷上被茶友欣赏，然后置之入壶，被提着到处飘香，茶友享受完干茶的香气，开始以热水浸泡它，以它最喜欢的温度引出他最为精到的香气与滋味，适当的时间之后，茶汤从茶叶中分离，被倒入杯中供大家享用。茶叶完全舒展后，茶友还会要求把泡开的茶叶放到叶底盘上供大家鉴赏。随时随处都是茶的身影。所以我们说，茶桌上有了茶罐后不需要另有一罐、或一盒茶了。你说如果茶罐上不标示茶名不就不知道喝的是什么茶了吗，不用烦恼，茶友也没挂上名牌。如果要强调这泡茶的身世，且需要取得物证，可以准备一罐、一盒、或一瓮该茶的“商品包装”在收茶橱架上，向客人介绍时才拿出来亮相。茶席上直接以商品包装的茶罐或茶盒使用于泡茶好吗？不好，显得不够正式，应该要有泡茶时专用的茶罐才好，泡茶前将茶叶或茶粉移入茶罐内。如果销售时的包装已是可以直接作为茶罐使用，将之视为泡茶桌上茶罐是可以的。在茶叶卖场上泡茶容易忽略这一点，甚至认为这样才能取信于消费者，但是自信心往往是最好的保证，笃定告诉客人，现在冲泡的就是架上那款茶叶。有人说，诚信是这个社会比黄金还贵重的东西。我们认为，我国的茶品独步江湖，世界闻名，精挑细作，至真至善。如此好茶，掌壶者惊惧之何有？所以说，茶师的信心也要比黄金还赤诚贵重。

〔案例〕

“三段餐茶”的泡茶篇。

如何泡好茶？是“泡好”茶，还是泡“好茶”？

喝好的茶比较有益、听好的音乐比较有益、穿好的衣服比较有益，这样的观念不知道大家能不能接受？有人说好茶与差一点的茶，其所含的成分不会差太多，名牌衣服与杂牌衣服的蔽体与保暖功能也不会差太多，但是我们有不同的看法。

“泡好”茶与泡“好茶”这两个说法都没有错，国家茶艺师资格鉴定过程中的考试考核就包括了学、术两科。“泡好”茶是茶师体能的训练，是茶艺追求的途径，也是茶境感悟的本体。

但若单独来看，泡“好茶”也有其道理。所谓“好茶”，一定是色香味俱佳，甚至有其独特的风格，这样的茶汤，喝来一定让人神清气爽，这精神的愉悦就有益身体健康，比起普普通通、喝来没有什么特殊喜悦的茶要“补”得多，再说得科学一点，所谓的好茶一定含有品质较佳的成分、一定含有较为人们喜欢的成分，这些成分的组合是令人愉快的、内容物质是丰富的。这样美好的成分喝到肚子里一定比喝那些品质不佳的茶有益得多。这种现象不只是茶，衣服也如此，穿件质料好、设计优美、制作精良的衣服，一定比穿质料不好、样式不美、制作粗劣的衣服有益身心，精神的愉快与肉体的舒适兼有。

以上这个说法可能遭受的反对有两方面：一是“好”的定义何在？二是会不会造成奢靡的风气？茶叶的好、衣服的好，我们要尊重行家里手及其消费者的好恶，个人的偏见应设法排除。真正的“好”，价格一定较高，这会与个人的收入与认知程度取得协调，只要不造成好高骛远的风气，自然不会造成奢靡。

提示

掌握了“泡好”茶和泡“好茶”之后，如何泡好茶？

模块四
“三段餐茶”服务规程

“三段餐茶”的服务既不同于茶艺馆的服务——茶艺师要求有优雅的举止，恬淡的工作状态，轻声慢步，动作柔和；又不同于低诉求餐厅的餐饮服务人员，餐厅的服务员要求动作干练，口齿伶俐，反应敏捷。餐茶的茶师则应取两者所长，既要了解并掌握一定的茶水知识，又要动作灵敏，奉茶迅速。

在服务行业里有这样一句话：只有客人想不到的，没有我们做不到的。同样，在“三段餐茶”的服务当中，我们也要以同样认真、严谨的工作态度为客人泡好每一杯茶。正所谓“工欲善其事，必先利其器”。我们要泡好一杯茶，准备工作是关键。

◆ 准备阶段：餐前茶服务

1. 每次开餐前，要认真点查茶叶的品种是否配备齐全

有的餐厅是将八至十个茶叶品种的名字、简介印在餐厅的茶水单上，客人落座后照单点茶；有的餐厅是将所备茶叶如数放在手推车上，推到客人桌旁，请客人很直观地选茶。但无论哪种点茶方式，茶叶的配备要齐全。基本按照茶叶的分类，每一类茶应配备一两种茶叶，并有品质高低之分，这是为了满足大众所需。每个人都有自己独特的口味，有的人就爱花茶的诱人香气；有的人则无法忍受乌龙茶的苦涩。茶叶的种类不胜枚举，但万变不离其宗，就类别而言，每一类茶备上一两种足矣，还要有品质高低之分。每个人可能都要喝茶，却不是每个人都会喝茶。像一杯普通的茉莉花茶，冲泡之后汤色橙黄，味道虽也香甜，却透出一种玉兰花的淡淡苦涩来，可有些客人，多半是北方人，还就中意此味，认为唯有此茶喝下去满口留香，刮油去腻，肠胃清爽；若是换成一杯纯用茉莉花窨制而成的花茶，则觉着香倒是香，喝起来却是味道淡薄，北京话称“没劲儿”。实际上，无论是茶叶的基茶（没窨花之前的绿茶），内质（窨花所用的花及窨烘次数），还是香气，味道都是后者较为优质。但悠悠众口，自然是各有一味。有的餐厅只是备下了比较常见的绿茶、乌龙茶（通常是铁观音）、花茶、菊花，也没有优劣

之分，客人来了，想点品质较好的茶却没有，有些客人偏爱喝普洱茶，八宝茶，也是没得选择，要么改喝餐厅现有的茶，要么改点软饮，往往是客人乘兴而来，却因没能喝到自己中意的茶叶而徒增了些许遗憾。

随着经济的发展，服务行业越来越趋于完善，提倡宾至如归的服务理念，想想又有谁会在自己的家里却喝不上自己想喝的香茶呢。所以，餐厅用茶所备的茶叶品种应以上述的两点为主，方能为客人提供周到的选择范围。

2. 有了配备齐全的茶叶，还应在开餐前备好热水

一般的宾馆，饭店的餐厅都设有开水机，可直接打出热水来，但餐前茶服务人员还是应预先打好两三壶热水备用。我们知道一些茶叶因其品质较为细嫩，不宜用沸水直接冲泡 ，否则会损伤茶叶的内质及口感，而将热水打到暖水瓶里，再用来冲泡此类茶叶，则水温因降低而较合适，不致破坏茶叶内的有效成分。

3. 仔细检查所用茶具是否洁净，有无茶渍、水渍，有无破损

因为茶具是否整洁不仅仅影响茶叶的冲泡，更是卫生与否的表现。如果条件允许，餐厅应备有瓷壶、盖碗（多为白色，也有绘制花纹的）、玻璃杯这三种基本茶具。沏泡名优绿茶应选用玻璃杯，闻香，观色，一目了然；沏泡其他茶类，可用瓷壶或盖碗。一般如果一桌客人所点之茶只有一种，就可以冲泡一壶，再逐一斟入配套的茶杯内；但若是同桌客人各有所点，就改用盖碗，人奉一杯，各得其所。只有将准备工作做好，在为客人服务时才能做到应付自如，不慌不忙。

◆ 实施阶段：餐间茶服务

餐间茶服务开餐之后，茶水服务人员应在餐厅内选择恰当的位置，一般是在餐厅入口处附近（或餐厅入口处的斜对面），以标准的服务站姿站好，面带微笑，迎接客人的到来。

1. 客人进入餐厅，由领位员引领到餐桌旁就座

餐厅的服务员会为客人递上香巾，展开口布，并询问客人所需的饮品。一般情况下，客人会先点上一杯茶。这时候，茶水服务人员应快步上前，或是递上茶水单，或是将装有茶叶的手推车推至客人桌旁，并主动介绍餐厅所备的茶叶品种、名称、特点以供客人参考。客人可能会直接点茶，也可能会先问问，听过茶水服务人员的介绍再点茶，这时就需要茶水服务人员要掌握基本的茶叶知识，并对本餐厅所用的茶叶的品种、特性甚至是传说、典故都要熟记在心，才能为客人作出全面、详细、正确的介绍。在介绍过程中应运用一些推销的小技巧，仔细观察这位客人有无固定的口味，因为有的客人就爱喝普洱茶，有的客人则中意于乌龙茶，这种情况基本不用茶水服务人员做过多的介绍或是建议，客人有自己的选择，如果执意去改变客人的口味，竭力建议客人做新的尝试，往往是适得其反，弄巧成拙；而若是客人对茶叶没什么特别的要求，哪种茶都可以试试，茶水服务人员就可以适当地给客人一些小提议，比如饭前饮用什么茶不会太刺激肠胃，影响消化吸收；在这个季节可以饮用什么茶比较应季，帮助客人作出选择。要做到适度得当，不可喧宾夺主。

2. 以最快的速度泡好茶

客人点过茶之后，茶水服务人员要在最短的时间内将客人所点之茶泡好，端至客人桌上。冲泡茶叶时应用专业的茶勺量取茶叶，一般盖碗或玻璃杯的茶叶用量是茶叶置入杯内，盖住杯底即可，而瓷壶的茶叶用量应多些，应是茶叶盖住壶底。最好置茶后先将茶叶温润泡（也就是俗称的“润茶”），再注入热水，这时候将泡好的茶汤送到客人面前，未曾品啜先闻香，方为好茶一杯。

3. 关注客人杯中茶，及时续水

为客人上过茶之后，茶水服务人员应退至一旁，时刻注意客人杯中的茶水，当茶杯中的茶水喝到三分之一处，就应该即刻为客人续上热水。若是用瓷壶冲泡，一般是依序斟过一桌茶后，便应加水了。

续水看似是一个很简单甚至有些乏味的动作，但真正做起来却是要掌握一些服

务上的小技巧的，想想，偌大的一个餐厅里，通常是一个到两个茶水服务人员，散台最少是十几张，甚至还要更多，另外还有起码五六个也可能更多的包房，就按照十五张台子和六个包房来说，两个茶水服务人员该怎样来做服务工作呢？既要让每位客人喝到自己喜爱的清茶，又要时时保持客人桌上的茶杯斟满热水。

首先，还是要先做好准备工作，只有有备才能无患，不致因为准备工作没做好而手忙脚乱，为客人点茶关键还是要熟记茶叶的基本知识，这样在为客人点茶时才能应答如流。从时间上讲，做好准备工作应该在正式开餐前半个小时，包括检查茶叶是否配备齐全，茶具是否整洁，备好热水，30分钟足够了。

其次，开餐之后，服务时间就要灵活机动了。如果一个餐厅有两个茶水服务人员，工作起来可以两个人各有分工，但也要相互配合，各有分工——可以一个人专负责为客人点茶，备热水，茶具；一个人则只负责整个餐厅包括包房的茶水续水。相互配合——一个人在客人入座后上前为客人点茶，随即将客人所点之茶冲泡好端至客人桌上，在服务的间隙时间随时要准备热水，保障另一个茶水服务人员不致加水加到一半时热水供不上，另外还要随时点查茶杯的数量，以免有客人点茶却没杯子给人家用，而专门负责续水的服务人员要注意观察，不要盲目地端着加水的壶四处溜达。一般来说，客人在刚刚上完茶之后，品饮得较快，因为这时候客人所点的菜没那么快上来，客人可以一边品茶一边打发等待的时间，这时茶水服务人员要随时为客人添加热水，不要使客人手捧空杯，无茶可品。等到菜全部上齐后，客人开始用餐，饮茶的速度会慢下来，那么服务员续水的次数便可视情况而减少，客人用过餐之后，会稍作休息。再品品杯中茶，这时一定要使客人杯中的茶汤温度适中，太烫或太冷的茶都会让客人感觉不舒服。

如果一个餐厅只有一个茶水服务员的话，建议在开餐前将准备工作做得更充分些，可以多备些热水、茶杯，减少服务当中备热水和茶杯的时间。在开餐之后，要会利用时间，为客人上茶时可以将加水的壶一起放在托盘里。先给客人上茶，顺便给周围几桌的客人续水，这样一来可以省去在餐厅里走来走去的工夫。千万不要小看这一分钟或几十秒，安排不得当，就算客人不多的情况下也会觉得应接不暇。

前面所讲的为客人泡茶或续水的壶通常是用随手泡，但也有一些餐厅会用传统的长嘴大铜壶。这种壶的壶嘴偏长，因为是铜质的，加上水后感觉很坠手，要使用此壶需要经受专业的训练，方可为客人服务。用这种壶为客人上茶，是将放有茶叶的盖碗先行放置客人面前，再由专业的服务员当着客人的面冲泡，续水时亦是如此，这就要求服务人员掌握好冲水时的位置，与盖碗的距离，提壶的弧度。因其嘴长壶沉，若手法不娴熟，极易使热水溅出，很容易烫到客人，而且不仅仅是把水倒入杯中就可以了，还要刚好七分满，不可以溢出杯口，也不可以茶斟一半。所以说餐间茶的服务是看似简单，却要求有过硬的基础知识和专业技能。

◆ 后续阶段：餐后茶服务

我们常说茶艺中蕴涵着某种教人向往的精神，交织着各种人与人、人与地、人与物、物与物的感应，能够欣赏与体会到这些才算是真正进入茶道的境界。但是，这些美好事物不能光靠说说而已，如果概念没办法落实到生活里，最终它只变成属于小圈子的话题吧了。故此我们有责任让社会大众了解，必须提供方法让社会大众一起享用、追随，如此，茶道精神才有存在的意义。

我们要说一说茶师在掌席时他们的工作内容到底是什么，而这些工作又是怎样具体发挥我们想要表达的茶艺精神？简单地说，茶师的工作是在茶席中为客人泡好茶、把茶泡好。发酵、熟成、传播茶艺精神最好的地方是在有茶师掌席，提供专业泡茶服务的茶席，我们不要一说到茶艺精神就道貌岸然，非得使用又深奥又生涩的字眼去形容、说得很抽象不可，那只会吓跑大家。其实，有茶师掌席的泡茶桌是最能体现茶文化功能的所在，那也是泡茶艺术家、或还未被人认同是泡茶艺术家的人最佳的磨炼场所。

具体的，茶师需要为茶客将茶正确地冲泡出来。现今商务宴请交往，利用餐后的主人特别需要或者体现受邀客人的身份，茶师必须有能力应付茶客的特别“点茶”，随时可冲泡客人随身携带的各种不同种类的茶。他们为茶客泡茶时应该达到茶客需要的一个速度（一般来说要快）、要干净利落、准确无误及没有浪费。如果茶席上要使用到某些少有的电器或设备，茶师必须懂得操作。

茶师必须有布置茶席的能力，并且茶席必须达到真正能够实际操作的目的。

泡茶过程，茶师还要观察、了解不同年龄层及体质的客人对茶叶的质别与口味的浓淡有不同需求，要协助他们喝到“对的茶”。茶师不会让客人喝过量的茶，喝“不对的茶”。在茶师掌席的泡茶席上，他们直接接受客人点单，并预备茶食与食具非常重要。

〔案例〕

餐茶服务礼仪。

餐茶礼仪的问题乍一看似乎很简单，无非就是礼貌待客，热情续水等。但细一琢磨，似乎又总觉得少了点什么，而这一“点”却恰恰是吸引客人的关键所在，也是餐茶服务中的点睛之笔。我们就此总结了如下几个要点：

其一，推广以茶待客，以茶代酒。接待客人的时候，敬茶总是少不了的，在餐茶中，可直接由女主人为客人献茶，也可以由其家人或专司其职的茶师上茶。因此，若客人不需要茶师服务时，茶师也不必多此一举。

其二，若客人较少，茶师应主动上前，双手奉茶杯连同杯托一同递给客人，或是放在客人斜前方，方便茶师为客人斟茶，再说一个“请”字即可。

其三，若客人较多，奉茶的顺序应遵循老幼尊卑的顺序，先客人、后主人；先主宾、后次宾；先女士、后男士的先后次序依次奉茶，若筵席来宾较多，且差别不大，则茶师可以门为起点，按照顺时针方向依次上茶。这里尤其要注意的是，招待众多客人的茶水应事先沏好，然后装入茶盘，送到餐桌上。

其四，茶师在往茶杯或茶壶里放置茶叶时，要特别注意使用专业的茶则或茶匙，不可直接用手抓取。否则既不卫生，又会将自己身上的各种气味，如汗味、香水味等带入茶叶中。

其五，茶师为客人上茶的具体步骤是：先将茶盘放在茶车或备用桌上，右手拿着杯托，左手附在杯托附近，从客人的右后侧将茶杯递上去。茶杯就位时，杯耳要朝外（方便客人拿取），每杯茶以斟杯高的七分满为宜。为客人上茶时，手指不允许搭在茶杯边上，更不能粗心大意地将茶杯撞到客人，或是放在容易被碰翻的地方。奉茶时，服务人员左手托好托盘，站在客人的右侧，奉茶前要先轻声说“对不起，打扰一下”之后，用右手将茶杯端至客人的右手边，并说“这是您的茶，请慢用”。泡茶所用若是盖碗，应手托杯托，端至客人面前，若是茶杯或玻璃杯，则应手握杯子的下方，忌用手碰触杯口。

其六，茶师斟茶续水要热情主动。客人落座，就应当迅速拿好茶单为客人推荐餐茶，待客人点餐完毕后需立即上茶，以缓解客人等待菜品时的烦躁心情。为客人斟茶或是续水时，应先对客人轻声说“对不起，为您加点水”同样是手不可碰触杯口。如果使用较特殊的长嘴大铜壶，在服务当中更要注意，避免长壶嘴碰到客人，或是斟茶时烫到客人，要在恰当的时候为客人加水，既不能让客人等待时间过长，总是杯中无茶，又不能过于频繁，因为在餐厅里就餐的客人无论是家人聚会、商务洽谈还是一顿简单的工作餐，都不希望总是有人在旁边不时地来上一句“对不起，打扰一下”，尽管态度还算不错，却是实实在在的很“打扰”，容易让人心生反感。

其七，我国旧时以茶待客不过三杯。一杯曰敬茶，二杯曰续茶，三杯曰送客茶。要是主人一而再、再而三地助人饮茶，就等于提醒来宾“应该走了”。倘若为海外华人或老年人服务，切不可因此得罪于人。待客时间若稍长，可上茶点，其方法与上茶一样。

其八，被奉茶者，如果客人或长辈亲自为自己上茶时，应起身站立，双手捧接。若晚辈与一般接待人员为自己上茶，也应表示一下谢意，说声“谢谢”。饮茶时，应小口慢慢品味，遇茶叶漂浮，切不可张口去吹或以手捞出。若饮用红茶，杯内茶拨用来降温，不用时应放杯托上而不必插在杯里或用它舔茶汤等。也不宜把茶喝到“见底”。主人若暂忘了续水，也应耐心等待，最好不要自己起身去添加。

以上建议，仅是餐茶日常服务礼仪之“一”点，就有如此多的讲究，更不要提茶师在为客人服务时所需注意的其他各种事项。服务无小事，只有做到用心去泡每一杯茶，才能让每一位客人喝到称心的茶，喝到香、味俱佳的茶！进而了解饮茶的禁忌，在为客人奉茶时注意到这些细节问题，才能真正体现中国茶德之“廉、美、和、敬”。

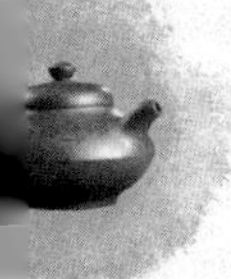

模块五

餐茶的职业性与家庭休闲型

自家泡茶与职业司职泡茶不可等同。

茶师是茶界的一种资格称呼，如加工师、茶艺师、评茶师，等等。相应于别的餐饮行业则是厨师、调酒师、咖啡师。我国台湾地区名称为“泡茶师”，从1983年由台北陆羽茶艺中心制定检定办法，到2011年底已在台北、北京、成都、漳州执行了44届泡茶师检定考试。参加检定者必须接受学科与术科考试，学科考制茶、识茶、泡茶、茶器、茶史方面的知识，术科要现场抽出三种茶，依指定的茶器、冲泡的次数、供应的人数将三种茶在40分钟内泡出。通过检定者在任何场合，使用各种不同的茶器，都可以将不同的茶叶泡到一定的水准。再加上对茶学知识的理解，不但可以自己高度享受茶的境界，还可以在客人面前，将茶的美味与茶道的情境分享给大家。这点值得内地业界同仁学习借鉴。

我国内地参加茶艺师、评茶员资格鉴定与台湾泡茶师检定考试殊途同归，可以“不为什么”，只是证明自己在泡茶与茶学知识上的修养，也可以参与职业性的工作。“不为什么”的茶师可以让自己的生活更为有趣，但不是考过试就懒于勤练泡茶，或泡茶时又乱了章法。独处时为自己规规矩矩地泡壶茶喝、与家人共处时规规矩矩地泡壶茶请家人喝、客人来访时规规矩矩地泡壶茶招待大家。

职业化的茶师容易将茶泡得很熟稔，他天天将茶的美味，将茶艺所讲求的精神传递给社会大众，他是茶文化的使者。他的道场在哪里？在茶馆，在茶餐厅，在有茶师为客人泡茶的新经营形态的茶会所。这个场所提供的喝茶服务当然要让客人体会到茶文化的专业性，让客人在茶师的引导下全然沉醉在茶香与茶艺的领域里。

家庭茶师的数量、素质愈高，社会的文明指数愈高；职业茶师愈普及，证明这个社会喜爱茶文化（非仅喝茶）的人愈多。前者在自己的生活圈子里享受、传播茶文化，后者在有茶师泡茶的茶馆里料理着全盘精致的茶文化给客人享用，并让社会大众看到茶文化长成什么样子。

模块六
餐茶茶师的职场地位

从某种程度上说，茶师的职场地位反映着社会阶层的心理诉求差异度。茶师把在座的客人们服务得很好，大家就会欣赏又钦佩。不仅老板会尊重他（她），业界也会尊重他（她）。所以，服务员归服务员，厨师归厨师，调酒师归调酒师，茶师归茶师，分工清楚。这几点造就了一个局面，是茶师的形象，整体给人的感觉是干净利落，技术成熟，有美感，有文化。

我们回想一下当今的某些茶艺馆，大家非常有感触的是，都说这是家非常高端的现代茶艺馆。老板强调的是整个茶馆建筑物花了多少钱，庭院请了哪位名设计师设计，跟着历数多稀罕的沉香木，多珍贵的古董玉观音，多重量十足的宝贝石头等装饰，完全没有提到茶，唯一和茶有关的是泡茶桌子的木头多大多贵，茶显得只是一个不起眼的小点缀而已。

老板夸耀茶艺馆的门面后，就吩咐小妹来泡茶。所谓的泡茶桌，的确是块好木头，已被做成餐桌的样子，但小妹并不在这“泡茶桌”泡茶，小妹在旁边另一小桌备席，一位泡茶，一位双手扶着腹部站侧边，一位作司仪讲解。为什么说老板善于或习惯于“吩咐小妹”？因为但凡从客人一进门，这几位泡茶人员也就成了被“吩咐小妹”跟随在老板或主管经理身边听候老板、经理发号施令，帮忙接待及处理杂务，比如：亮灯、门等事宜。当老板要她们泡茶时，就像在使唤一个家庭佣人而已，只不过这回的工作是泡茶。她们在泡茶，但没有泡茶的感觉。因为看她们的泡茶过程，只是把茶水泡出来而已，茶泡得好不好已无关紧要，她们只是蹑手蹑脚把该做的步骤做完，把要讲的台词背出来。

为什么在另一小桌备茶席？当茶艺馆花了这么多钱财来设计与装修之后，泡茶者仍然还得委就在一个操作不顺畅的小桌上泡茶，可以联想的原因颇多，比如茶、泡茶、泡茶者、茶道完全不被重视，无人了解和在意妥善的泡茶设备对于一家茶艺馆是如何的重要。

为什么冲泡五人量的茶需要三人操作？如果是会泡茶的人，一个人就足够了，泡茶人员能力不足是可能的因素，另一原因是茶艺馆将泡茶“表演化”，不

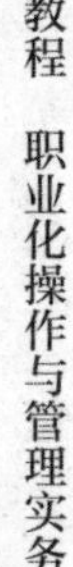

把泡茶人员当“茶艺师”而当“演出者”，多二人站着是排场。

为什么说茶只是一个小点缀？因为老板接待客人来访，全程的时间客人除去参观外，只花了四分之一时间坐下来喝茶，而茶是什么味道泡得好不好无人关心。这就是所谓现代茶艺馆，高档茶艺馆招待喝茶的方式吗？

为什么茶艺馆，茶艺师会落到这个地步，回头看看厨师的尊严感都比茶艺师高，烹饪与泡茶在相同的行业里，即厨师、茶艺师都属饮食业，掌壶的与掌厨的效果为什么那么不一样，照理说，泡茶、茶道不是应该更优雅更有文化才对吗？

茶文化经过三十多年复兴发展，在个人茶道爱好者这方面的耕耘结果，显然有部分人已经相当讲究泡茶功夫、品茗环境、茶道境界的体会，但三十年在一个文化领域的开拓毕竟算是很短暂的，有些地方还不够成熟，应该加深研究，作为一个营业场所茶艺馆，在一个职业性的供茶方式上，目前可以说并没有完善的设计与操作规划。

茶艺馆为什么越来越失去市场竞争力，有点萎靡不振？成为有名无实的所在，看来商品设计并不完整，供应给客人的商品并不完整，客人享用不到其中精粹，认为不够精彩，茶艺馆便面临遭遗弃的局面。有些业者纷纷转移方向不做茶艺馆，改为打造“像连锁咖啡店的茶店”，那应该也算是茶文化一个新兴项目，但我们现在所指的是讲究茶道精神的茶艺馆，这样的茶艺馆是茶界的栋梁，优质茶艺馆是发酵、催化、孕育产生茶道内涵、茶道人文素养的好地方，所以茶文化进展的下一个步骤，大家应予以足够的关心。

如何让茶艺馆苏醒并恢复？要有一个很好的泡茶场所和设备，让茶师可以很勇敢、很投入地泡茶，如：

一，能够很得心应手取得茶具、茶叶，有水源、电源，茶具卫生、干净、干爽，茶叶都装入很好的茶罐，添水不必假手于他人，有很好的方法和用具处理茶渣、余水等。

二，要培训在客人面前能够泡好一壶茶及享受其过程的从业人员。业界、老板必须提供完整培训直至工作人员能识茶泡茶喝茶，被授予职称才派他出场。

三，是从业的泡茶者应努力塑造本身的专业尊严，比如泡茶前后都要懂得将泡茶桌及所有必备器具收拾得一尘不染、要有什么茶到了手上都能泡好的能力、要有随时都能供应至少1至12人的供茶能力，要懂得茶道的美究竟美在哪里以及如何享受茶等。

四，茶界、社会、老板要重视茶师的身份，给予茶师应有的敬重，这是专业人士的工作，让茶师知道，他们的专业能为大众带来身心愉快的生活。老板不应把茶馆当做自己的家，以奴役方式把茶师当成家庭佣人。

五，不要将泡茶“表演化”，以为茶道就是“茶艺表演”，任何场合或时候，说到泡茶就是“表演”，并且认为只要表演者年轻漂亮、表演服华丽夸张、泡茶姿态优美就够了，茶泡得怎样不重要。这种经营观念只会扼杀茶文化，影响茶馆茶业发展，萎缩茶文化市场。试想假如大众都不能在茶馆、茶行喝上一壶泡得好的好茶，又怎么有说服力叫大众买茶叶！

〔案例〕

茶艺服务的引导。

一个好的餐厅茶水服务人员要在服务中做到面面俱到，为客人泡好一杯茶，直至客人离去，就是对自己的一次考核，客人的满意程度就是自己的成绩单，为了使自己有份令人满意的成绩单，在服务过程中要注意防范一些问题，做到了解制茶、科学说茶、规范卖茶、茶艺泡茶、健康饮茶。

餐厅服务员的基本要求，其实就是茶师的自身素质基本要求。要注意个人卫生，男生应将头发理得干净利落，不要留着长发或理个怪异的发型；不要蓄须；要勤洗澡、洗发，勤换工作服；不要留长指甲；上岗前不要吃带有刺激性的食物，也不要在上岗前吸烟。女生应将头发整理好，长发的要束起，不可随意披发，短发的也要理顺，不要太过零乱；可化淡妆；尽量不用味道浓重的香水或化妆品；不要留长指甲或染指甲；不要佩戴繁琐的饰物；手上不要选用香气过重的护肤品，以免在与茶叶的接触中影响茶叶的品质。无论是男生或是女生都应给人以清爽，淡然的感觉。

要认真接受专业的培训，对于茶叶的知识应熟记，要仔细掌握泡茶的技巧，尤其是比较特殊的长嘴大铜壶的使用方法及技巧。

要保管好餐厅的茶叶。在有限的条件下，尽量保持每种茶叶的品质不受到影响。不要用手直接接触茶叶，量取茶叶时应用专业的茶勺，每次取完茶叶应及时盖上茶叶筒的盖子，减少空气对茶叶的氧化。另外，对于茶叶的存量要随时掌握，一般茶叶筒中的茶叶少于三分之一时便应补充茶叶，补充茶叶时应先将筒内所剩的茶叶先倒出，填入新茶后，再将先前的茶叶放在上面，这样一来可以保持茶叶的新鲜度，不至于筒内的茶叶越积越陈，影响后面添加的新茶。要爱护餐厅的茶具。包括续水的壶和茶杯，要保持它们的光鲜明亮，切忌用带有污垢的茶具给客人泡茶，不仅仅是不卫生，更会影响喝茶人的心情。如果茶杯上已浸入茶渍，可以用软布蘸少许食盐擦 拭，很容易就可以将茶渍去除；而随手泡和长嘴大铜壶因为是金属制造，壶身上很容易留有水渍，斑斑点点的很不雅观，可以用软布蘸少许食碱轻轻地擦拭，随后用清水冲净，用干布擦干，又会光亮如新了。

在为客人点茶时，应视情况给客人一些正确饮茶的建议。例如，早餐前，建议客人选用发酵程度高，刺激性小的茶来饮用，如全发酵的红茶，后发酵的普洱茶，因为早餐是人们经过一夜休息之后的第一餐，一整夜未曾进食，肠胃刚刚开始工作，这时候若是饮用带有刺激性的茶，会感觉肠胃有些不适，甚至会有些反胃，但在早餐前喝一些红茶，普洱茶，则不会有太明显的不适感，因其茶性温暖，没有刺激性。

午餐，工作了一个上午，人们显得略为困顿，午餐时间是摄入食物，补充能量，休整身心的时间，建议客人在餐后饮一些花茶或绿茶，绿茶含有丰富的维生素和氨基酸，午餐后稍作休息，再饮上一杯清香的绿茶，人会感觉精神为之一振，困乏全消，又可以神采奕奕地投入到下午的工作之中了，而花茶因其特有的茉莉花香，同样能安神抚气，养精敛元，使人振奋。

晚餐，适合选用乌龙茶，同样刺激性较低，却还有消脂去腻的功效，一般人晚餐后运动量较少，喝杯乌龙茶，既品了香茶又帮助消化。总的来说，像红茶，普洱茶在一日三餐中无论是餐前或是餐后都可以饮用，而绿茶则应在餐后并稍过些时间再喝，乌龙茶、花茶等只要视个人喜好，在餐后饮用也是十分不错的选择。

饮茶虽好处多多，但也要学会正确科学的饮茶之道。酒可醉人，茶亦可“醉”人。茶叶中含有多种维生素和氨基酸，正常人适当饮茶对身体很有好处，但如果饮茶过量，不仅对身体无益，甚至可能“醉”人伤身。空腹时，不宜饮大量的浓茶；平时以素食为主，较少吃脂质食物的人，也不适宜饮过浓的茶；平时没有饮茶习惯，偶尔饮大量浓茶也不适宜；体质较弱的人比身体健壮的人更容易“醉”茶，茶“醉”后应马上吃些点心，或吃些糖果，可以起到缓解的作用；此外，茶叶中所含的咖啡因有促进胃液分泌的作用，能增加胃液浓度，故患有胃溃疡病的人不宜饮茶；因茶叶中含有大量鞣酸，能影响人体对铁和蛋白质等的吸收，因此患有营养不良及缺铁性贫血的人不宜饮茶；神经衰弱的人不宜睡前饮茶；便秘的人不宜饮茶；高血压或心脏病人不宜饮茶；泌尿系统结石的人不宜饮茶；还有不宜空腹饮茶、不饮隔夜茶、饭后不宜立即饮茶，等等。茶叶因苦寒，老年人喝茶时，只宜饮热茶，不能喝凉茶，饮凉茶能伤脾胃。老年人因脾胃功能趋于衰退，故宜饮淡茶，选择茶叶应以红茶和花茶为宜。

众所周知，一场正式的茶会应该是茶艺形式的完整表现，完整的茶艺形式表现可分成三个阶段来看：第一段是前置阶段，也就是准备工作；第二段是操作阶段，也就是行茶步骤；第三段是完成阶段，也就是收拾工作。通过对“三段餐茶”应用于生活的“证明与探求”，有说不完的历史意义，但更重要的不仅仅是保护和重建茶艺，而是让茶文化真正深入人们的现代生活。在大前提与小前提无可辩驳地展现的情形下，我们的茶水服务就会得到广泛的理解，理解产生认同，认同带来公平，公平促进正义之“结论”，受到社会大众的接受就是这样一件再自然不过的事情了。

Item
项目
5

培训与训练

模块一
培训及考核

◆ 培训讲究实效

培训不是走过场，要有实效。茶叶公司应该把员工的教育分成等级，而且排好他们的培训时间，每一个干部、每一个员工在每一年应该上多少门课、上多少学时，要通过考核来验证你的培训有无效果。

在培训的时候，我们对每一门课程都要作记录。一年当中没有达到一定的课时，第二年就不考虑升迁。当然，一个有趣的现象是，上课的基本上是员工，最多是中下层干部，总经理、董事长基本上不上课，这样子对不对？还有上课期间，表现的常常无所谓的样子，记录者寥寥。为什么？因为大家常看到的结果是升迁的都是不上课的，上课的得不到升迁，这种“随意性”与“非规范化”造成了人们认为上课不重要。所以，这个培训就失去了意义。我们应向如德国西门子这样的公司学习，该公司全部量化出员工培训的课时数，而且把它作为真正的考核与升迁的依据。

其实，上课并不是培训的唯一方法，不是要求员工非要上多少课时才叫做有成效，重要的是要给员工委派“辅导员”，特别是对新进的员工，有资深的辅导员作老师“传帮带”，而不是没人管的不职业的样子，如此会带来新员工的没兴趣，反正也没有人管我，这叫做放牛吃草，自生自灭。很多员工离职了，不能说他没良心，应该是你作为领导根本无所谓，你也从来不照顾她。而做得好的一些品牌企业的长处或经验是值得我们借鉴的。

◆ 茶行业人力资源

茶行业的人力资源问题日益凸显，往往茶叶单位有升迁等系列培养计划，一方面受制于茶企业实力和用人观念问题，另一方面也不得不让位于行业内外的宏观环境以及人力成本的普遍提升等综合因素。

人力资源是个大的话题，处于不同发展阶段、主营业务不同的茶叶企业势必有各自的主要需求或者说兴奋点。同样的问题，在小企业可能是个大难题，但在有相当规模的企业可能就是个历史性的问题。

2013年5月，“北京福建食品农产品商会联盟”之茶业商会曾组织过“中国茶行业创新人才专题研讨会”，专门开辟商会特刊探讨“茶行业人力资源”课题。一场行业整合与产业转型的变革中，人力资源的争夺战势必成为精彩戏份。

这给我们带来诸多启示。

茶业老板关注的焦点是：

1. 如何找到和留住茶企需要的人？
2. 如何提升和培养茶企已有的人？
3. 如何借力和整合茶企中没有的人？
4. 如何留住我们的客户？
5. 如何提升我们的执行力？
6. 如何在个人目标与企业愿景之间达成共识？

模块二 职业化训练

◆ 职业化训练要常态化

当前的茶艺工作人员可能除了知道自己的主业之外，别的了解得很少。比如“绿色壁垒”、“反倾销税”、“PMI”等。这是“多元化”知识中的一部分。我 国服务业产值占GDP的额度很小。据资料显示，我国服务业产值占GDP11%左右，与欧美国家的超过50%相去甚远，连印度都超过了50%。究其缘由，是计划体制年代的遗留。中国服务业不好做的原因，一方面是意识，一方面是其要求。过去我国对第三产业这一新兴产业不太重视，而偏重于制造业。近十年，国家不断加强第三产业的投入，也取得了丰硕的成果。茶叶创意产业的发展就是实例。如今，扎实搞好茶艺服务职业化训练，也是为了尽快弥补服务业与发达国家的差距，以迎接新世纪的挑战与机遇。

〔案例〕

我们以进店员工第一个月（四周训练）培训来看茶艺服务的职业化操作与实务。

第1周：

	序号	培训内容	教授人员	新近员工	日期	店长测评
第一周	1	自我介绍及员工之间相互了解（填写好入职资料）				
	2	品牌公司发展历程及公司介绍				
	3	品牌的由来				
	4	公司的规章制度（考勤、请假、工资、福利等）				
	5	专卖店人员职业礼仪规范				
	6	店面环境的认识、了解				
	7	门市的一天（营业前、营业中、营业结束工作流程）				
	8	公司产品的认识（品牌、代表茶类、货号）				
	9	迎送客人的呼语、流程、手势姿势				
	10	泡茶三要素、如何泡好一壶（杯）茶				
	11	奉茶的目的意义及注意事项				
评语						

第2周：

	序号	培训内容	教授人员	新近员工	日期	店长测评
第二周	1	茶叶的分类及各名茶介绍				
	2	茶叶的有效成分与健康				
	3	茶叶的保存				
	4	卖点的提出				
	5	补货的流程				
	6	茶叶的品鉴				
	7	仓库作业要领				
	8	交接班及注意事项				
评语						

第3周：

	序号	培训内容	教授人员	新近员工	日期	店长测评
第三周	1	现金安全流程				
	2	营业前及闭店的注意事项				
	3	公司软件、电脑系统学习、POS机操作				
	4	日报表的填写及注意事项				
	5	品牌高端茶泡茶流程、展示茶的冲泡				
	6	贵宾桌的用途				
	7	各种日常表格、单据及发票的填写与注意事项				
评语						

第4周：

	序号	培训内容	教授人员	新近员工	日期	店长测评
第四周	1	顾客购买征候群				
	2	产品陈列摆放				
	3	拒绝处理				
	4	抱怨处理				
	5	模拟销售				
	6	品牌公司主要产品特色介绍、产品本身、卖点、区分、对比其他茶叶与茶庄的优势				
	7	闲暇时间处理				
评语						

经过一个月的实际参与与门市销售工作，对门市生活应该有较深入的了解吧？想想看，你对门市销售这项工作持什么看法？你觉得最重要的工作是什么？

其实，员工最重要的工作是在“推销自己”。观察周边生活，你就会发现，每个人都在推销自己。在门市，我们要推销自己什么呢？

第一是专业——包括商品专业知识、纯熟的泡茶技巧以及善解人意的销售服务。

第二是诚意——与顾客谈话，没有谎言与夸大之词，诚心为顾客服务。

第三是亲切——亲切的笑容与接待，让顾客愉快地购物。

既然我们的员工面对顾客时，是在推销自己的专业、诚意与亲切。反过来想想，自己是否具备这些特质呢？

其实，要达到上述特质，也是有方法的，就看你是否养成良好的习惯。你的习惯如何？下面的活动能帮助你检测出来。

序号	下面这些你有没有做到?	是	否
1	把每天的时间安排好，拨出更多的时间用于读书、参加讲座		
2	凡事预先做好计划，努力达成目标		
3	面临危机，不因危险而逃避，反而当做一种机会		
4	以自己为竞争对手，内心常问：“这样行吗？”、“这样做看看”		
5	随时和朋友保持联络		
6	想到什么马上做笔记，使自己的想法行动更为可行		
7	是否充满热忱，且能感染身旁的人		
8	喜欢接受新的工作挑战		
9	对第一次见面的人，也能立即一见如故地交往		
10	决定以后马上去做，毫不犹豫，不找借口拖延		
11	常常乐于请教别人，吸收别人的智慧与经验		
12	努力学习专业知识和技术，永不满足		
13	不断改善自己的思想、谈吐、仪态，使人乐于接近		
14	注意并改进人际关系，使周边的人际关系更和谐		
15	以积极肯定的心态面对所有的事物		
16	乐于付出，绝不斤斤计较		
17	把工作当做最大的乐趣		
18	懂得充分利用时间，懂得时间是最宝贵的资源		
19	节俭，养成把每月收入中固定份额储蓄起来的习惯		
20	注意营养、保养身体、锻炼身体		

计分的方法，上述回答“是”为1分，“否”为0分，满分为20分，评价标准：

级别	A	B	C	D	E
得分	18~20	14~17	9~13	5~8	0~4
类型	大有成就	可圈可点	力争上游	奋起直追	急待醒悟

你的得分是多少呢？若是前者，恭喜你！如果是后者，也不要垂头丧气，因为你的成长空间最大。

〔案例〕

闲暇处理。

进单位一段时间了，经过8周门市演练，紧张之余，闲暇时段，你都做了些什么呢？你不妨利用机会，好好的充实自己的知识，提高技能，为下次顾客上门做最好的准备。那么，应该注重哪些方面的知识与技能呢？

一、门市整理

1. 补充商品

2. 整理凌乱商品

3. 门市清洁维护

4. 库存量及其库存位置的了解

二、专业知识的充实

1. 产品种类、名称、代号、价格、特征

2. 产品的制作过程

3. 产品的保存方法

4. 茶叶产地

5. 产品用法与用途

6. 有关产品品质的实验或使用结果的资料收集

三、专业技能的加强

1. 泡茶技巧

2. 茶叶品鉴

3. 包装练习

四、销售技巧

1. 销售技巧练习

2. 电话拜访贵宾

3. 贵宾资料填写与整理

4. 顾客对商品满意程度的收集

5. 类似品、竞争品与本商品之优劣比较

学问是无止境的，但只要每天进一步一点点，日积月累，可就不是一点点了！

〔案例〕

熟悉店内环境。

请各店就现场店内环境作介绍。介绍内容：

①门市产品摆设（含库存茶摆放位置）；

②茶具组摆放位置；

③仓库摆放方式；

④各类用具的放置位置（含文具用品、计算器、日报表、环保塑料袋、手提袋等。）

⑤清洁用品的摆放位置（拖把、扫把、抹布等）。

◆ 商品陈列

商品陈列。应因季节、节日有主题陈列，突出重点。我们茶艺服务人员懂得多少商品陈列学呢？以下列举一二：

〔案例〕

①商品的陈列一般应半个月调整一次。

②商品的陈列应考虑到客人的易寻找和拿取，一般以人的眼睛平视的高度为重点区域。

③重点产品、新产品、畅销产品一般陈列在进口位置、收银台位置，也可考虑量化陈列。

④销售额大的产品可加大陈列面积或占据店内主要区域陈列。

⑤商品陈列可借助灯光、绸布、POP、花饰调节，但需要注意季节的变化并更换。

⑥商品陈列应生动丰富，高低错落有致，忌显得呆板的平行排列，。

⑦商品有“面相”之说，陈列时需要把最好的一面展现给客人。

⑧除了货架陈列有序外，冰箱里的筒装茶也应井然有序，不可杂乱无章。

⑨商品标签上品名、价格等应标注清晰、无误，标价卡应摆放有序，放置于客人容易看得到的位置。

⑩卖场不得放有与营业无关的东西，比如员工饮水杯、饭盒、拖把、空纸箱、手纸及生活、家居物品等。

⑪已经打开的品尝用茶应放在固定位置，注意保存，按照茶类分类摆放。

◆ 沟通之道

我们茶艺服务人员懂得多少与顾客沟通之道？营业中，顾客的接待与沟通非常重要。沟通好的，往往是推销中比较成功的。

〔案例〕

在客人进店后，必须有呼声，“欢迎光临！”声音要响亮，整齐，面对客人，面带微笑，邀请要真诚，发自内心。

客人进店30秒内，宜做好奉茶工作，如客人停留超过3分钟，应奉上第二杯茶，时间超过5分钟，最好奉上第三杯茶，奉上的茶可以一样，也可不同种类，奉茶要注意茶味浓淡、冷热，并报上茶名。不可小看奉茶，做好接待就是良好的沟通之道。

有客人在店内，服务人员相互之间应做好配合，协同应对。切忌一起拥过去，七嘴八舌抢着说话。员工不得旁若无人高声谈笑、喧哗、打闹，或私下谈论业绩、接打私人电话，客人经过你面前时应让道，向客人点头致意。

接待客人时，通过有效的询问迅速判断客人是本地人还是外地人，知道喜欢什么样的茶，口味如何，买茶自用还是送礼……了解客人的信息越多，越能有针对性地担当客户的顾问，服务好顾客。同时运用恰当的言语，充分把握顾客心理。

提示

1. 公司在培训上课时，有没有请客户来？
2. 公司做案例、教材时，有没有请供应商来？
3. 公司真正落实考核过训练手册吗？

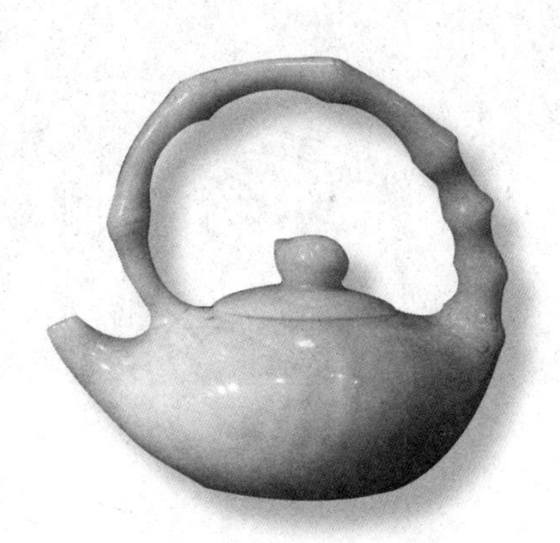

Item 项目 6

茶室布置规范

茶艺服务

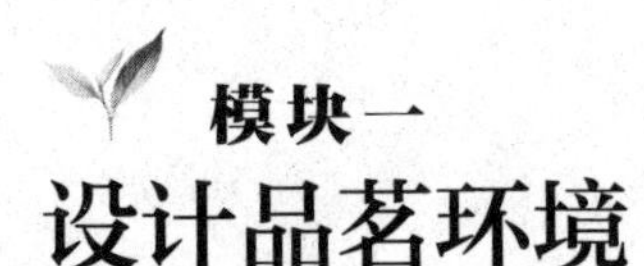

模块一
设计品茗环境

◆ 营造品茗环境

营造品茗环境越发重要起来了，因为现今品茗场所增多，不仅在茶馆，在餐厅与家庭等可以品茗场所都注重设计品茗环境。不单单是硬件设备，还包括新式茶席设计的推广。

茶与花

将花融入品茗环境中源起于宋代，那时将焚香，挂画，插花，点茶合称为“生活四艺”。茶室插花一般采用自由型插花，花器可选择碗，盘，缸，筒，篮等。花器宜小而精巧，纯朴，以衬托品茗环境，借以表达主人心情；亦可寓意季节，突出茶会主题。

品茗赏插花的花称为“茶花”。茶花是比斋花和室花更加精简的一种文人赏花形式，以教人崇幽尚静，清心寡欲，体会天地之道为旨趣。茶花重视的是品味，珍视的是天地慧黠之气所凝成的形色之美，以寓意于物，而不留意于物的道理，创造无可名之形而把握内在的精神。

茶花的插作手法以单纯，简约和朴实为主，以平实的技法使花草安详、活跃于花器上，把握花、器一体，达到应情适意，诚挚感人的目的，使其中一片见其背面，表阴叶之美，四片叶子不称四叶而称三叶半。花开为阳，合而阴；叶正面为阳，背面为阴，保有阴阳兼具，阴阳互生之美乃佳。

茶花插座应选配台座，衬板，花几，配件。花器无足者应配以台座；带足者，不需台座而直接使用衬板（垫板），衬板，台座以自然，高雅者为佳。配好衬板后的茶花即可移入摆设位置，摆设位置在左前方，即主人的右后方为原则，约一臂长距离为宜。茶花属于静态观赏品，花木形色以精简雅洁为主，形体宜小，表现手法细致，花枝利落不繁，一花一叶不为少，花取素白或半开而富精神者；枝叶以单数为好，令人有余味之感，遇双则令一叶见背，俗称“半叶”，以合单数为原则。茶花摆设的位置较低，以坐赏为原则。由于作品小巧，能够聚精会神，沉静思绪，透过小中见大的奥妙，显现大自然的风采。

茶花的艺术品质是“清”、“远”，追求恬适简约，超凡脱俗的纯真之情。因此，为品茗赏花所插的“茶花”平凡、简单，但以晶莹而完整的形色来触发美的意识，从而体验自由心灵所呈现的无拘无束的变化和联想所得的美的满足。

茶与画

陆羽《茶经》在最后一篇说：把《茶经》的内容分别写在绢布上，挂在座位旁边，看得清清楚楚，这样《茶经》就全面了。品茗时，有挂图，对于茶的知识就更加清楚明白了。由此演变发展到宋代，茶画就不是单一的挂图了，也有挂画的，也有挂字的卷轴。一般茶挂不挂花轴。因为有了插花，若挂画，则以写意的水墨画为时尚，意味着与书法不同，如果是工笔或写实之画作，则求其赋色高古，笔墨脱俗，设色不宜过分艳丽，以免粗俗或喧宾夺主，而装裱又以轴装为上，屏装次之，框装又次之。

明代以后的茶挂是以书法字轴为多，所挂的字轴含意往往需要考虑到与季节、时间、所品的茶类和参加茶会的人以及举办茶会的性质等相配合。茶挂讲究挂单副，悬挂位置为茶室正位。

茶与香

在我国历史上，香的使用是人们生活的重要组成部分，早在远古时期的先人们已经用燃烧柴木与其他祭品的方法祭祀天地诸神，来传达他们的祈求和愿望了。

夏朝到东汉时期古人已在生活中广泛使用草本植物的香料来熏燃、熏、佩戴、饮服等以达到香身、避秽、驱虫、医疗养生的目的。

汉代以后大量的异域香料流入，并很快地流行起来，这其中有很多木本的香料，唐宋时期生活用香料达到了前所未有的高峰，文人雅士更以制香、斗香、品香来体现他们的情趣，品茗、挂画、插花、焚香已经是宋代雅士的必修课了。元、明、清延续了宋代的用香之风，像品茶一样，用香已经是日常生活中必不可少的一件事了。

古人非常喜欢品茗，其原因不仅仅是消暑去毒，也是生活情调的具体体现，其中蕴含着古人对待生活的态度。一杯清茶，也时时提醒着人们生活要尽可能去除奢华，远离喧闹的混沌，享受平淡恬静。这种生活态度也是燃香的过程中能够深切感受到的，古人的智慧是那么的深邃。每每品茗之时必辅以燃香，茶、香相伴，祥和之气油然而生。古人的生活情趣实在是令我们现代人为之羡慕和向往。

古人品茗燃香主要是以沉香，檀香为主。沉、檀、龙、麝被誉为四大奇香。沉香更是以其形成繁杂，采集不易，功效显著而列为众香之首，被誉

为“木中之钻石”。热带森林中生长数十年的瑞香科乔木，在遇到自身病变或外界伤害时分泌树脂，启动自身的免疫系统，与周围的真菌微生物进行漫长的斗争而形成的油木混合体即为沉香，是珍贵的中药材。制成香后熏、燃，香气具有安神静心、缓解疲劳、去除污秽、净化环境、助睡眠等功效。在各宗教派别中被视为祭祀、供奉第一香。在品茗的同时点燃一支沉香不但平添生活的乐趣，增进健康，还会带来许多精神愉悦。

在茶席的整体氛围中，要特别注意彼此的搭配调和，尤其是焚香，例如，花有真香非烟燎，香气燥烈会损花的生机，因此，花下不可焚香，焚香时，香案要高于花，插花和焚香要尽可能保持较远的距离。挂画，插花，焚香，点茶本是一体的呈现，所以要考虑到整体的和谐。

茶与乐

品茗听音乐，有的是单纯的喜欢，有的是生活习惯。跳动的音符、悦耳的曲目不只是人们生活的点缀，还有助于长寿。

乐符煮茗，钟情的音乐可以深深打动心扉，茶如缓缓的柔化剂，慢慢入心。是暖流与心绪的交融，化成无言的静。陆羽《茶经》有水之三沸之说，每一沸水都犹如跳动的乐符，让音乐与茶有着千丝万缕不可分割的关系。

再说旧年的茶馆就有琴、棋、戏、说书等娱乐，现代的茶馆，一般都是古典与现代装潢，以音乐为点缀。当你步入古朴别致的茶厅，叮咚婉转的音乐弥漫耳畔，飘散在整个空间，坐于舒适典雅的桌前，笑看绿茶在杯底舒展羽翼，随乐轻舞，闻其氤氲飘浮浓郁的茶香，尝其甘甜清醇，你能不为之惊叹茶文化的精妙完美吗？这是一种如禅境般空灵的感觉，是尘嚣之中精神向往的一种清澈的净界。

好的茶馆就是如此迷人，不但使你享受到高质量的精神生活，还满足了你视觉、听觉与味觉。使你在高压的生活中，得到一种纯精神的净化，放松。音乐让我们充满了幻想，茶让我们品味了人生。当音乐与茶同在，那份心情也会同在，便是人生幸事。

品茗场所的气氛营造，不论是哪一类型的场所，都需要清幽。但在公共品茗场所，讲究多元化的茶馆会更加受到青睐，比如，北京老舍茶馆、上海城隍庙湖心亭老茶馆、浙江西湖畔等。而特殊饮茶场所，如车站、医院、工厂车间、田间工地，这些场所需要注意卫生安全，用大壶茶和一次性杯具就比较适宜。

模块二

茶席设计

品茶环境的设计，属于茶艺的静态表现。为了更好地营造出泡茶、饮茶的环境和氛围，茶席设计要精心创意，认真准备，从选茶、备器，到茶具下面的铺垫、插花、挂画等物品的摆设，都要围绕茶席的主题。不仅要让茶叶、茶具等物品搭配得当，还要求整体色调协调一致，而且蕴含较深层次的寓意。茶席设计不

是单纯的茶具展示，也不是简单的茶艺表演，而是人们艺术品茶的陪伴。

茶席布置一般由茶具组合、席面设计、配饰选择、茶点搭配、空间设计五大元素组成。其中茶具是不可或缺的主角。其余辅助元素对整个茶席的主题风格具有渲染、点缀和加强的作用，在设计时可以根据主题要求，选择全部或部分辅助元素与茶具组合配伍。此外，还可以进一步添加音乐、表演者服饰设计、表演流程设计等活动因素，使静止的茶席动起来。

茶席的布置要主题先行，确定主题后，要继续选择相应的茶席元素等。

模块三
营造家庭茶室

古人言：赏花须结韵友，登山须结逸友，泛舟须结旷友，踏雪须结艳友、饮酒须结豪友，品茶须结静友。家庭茶室的普及是近年来的新气象。来到茶室，文化气息和给人带来宁静而安逸的环境会令人感到非常舒服。

◆ 体验慢生活

喧嚣尘世中，人需要适时慢下来，静下来，细细思量中更能体会到世事的真味。茶器有清新、雅逸的天然特性，自古以来就是静心养性的良品。一杯清茶，几盏青瓷杯，再邀三两知己——在家中陈设出一个品茶空间，无论是整间的茶室，还是居室的一隅，都可让我们放慢脚步，超然物外，品茶又品心。

品茶不仅是品茶的味道，更品的是一种心境——淡定、超然与清雅。所谓“境随心转”，品茶的空间亦需与心境呼应。品茶空间宜格调古朴、典雅，幽静为要，多留白，勿堆砌。品茶空间里硬装的部分无需太复杂，素净的白墙也有着留白的美感，一扇月亮门、几个雕花窗棂都可带出古意。品茶空间的韵味更多是从家具、配饰中体现，茶几、茶桌、茶椅等要与古雅风格相合，花草、字画、瓷器、古琴更能增添一分意趣，但也要适当搭配，偶一点缀即可，不要满屋堆砌，给人压抑的感觉。品茶用具本身就是凸显空间美感的良器，即使空间狭小难以承载过多的家具、配饰，单单是茶台、茶具、茶宠也足以点亮空间。

家居中的品茶空间也是丰俭由人，可以根据家庭的面积、人口等实际情况来选择饮茶场地，大有大的做法，小有小的洞天。

◆ 独立茶室

在家庭空间允许的情况下，可建立独立的茶室，装修材料以接近茶性的建材为好，如竹、木、藤、麻、布等，以下就介绍几种常见的茶室风格。

① 中式传统风格。家具多选用明清样式，以水墨书画为墙面装饰，如选择意境悠远的写意山水，渲染出古色古香的氛围，最好选用紫砂茶具或是青瓷盖碗，使气氛温婉和谐。

② 日式风格。日式风格追求简洁大方、线条流畅、色彩淡雅。地面多采用实木地板、榻榻米，墙面可用日式壁纸，配以原木的矮桌和舒适的坐垫，全套茶具可用红木托盘摆放在矮桌上。日式风格茶室经常采用格子图案作为装饰，再配上一瓶日式插花更为美妙。

③ 自然风格。用自然、朴实的木材做原料装饰，如选用蜡染的粗布装饰墙面，用天然的原木为桌，放几个木墩为凳，桌上的茶具可采用粗砂的茶壶和茶碗，使人有返璞归真之感。

◆ 另辟蹊径

另辟蹊径，偏安一隅。如果家中没有独立品茶空间，也可在客厅、书房等居室辟出一个角落来，或者是选择阳台、飘窗等“小地方”，巧动心思也能布置出一个品茗良地。

① 客厅茶室。如果客厅面积较大，而建茶室的目的主要是为了会客聊天，可将客厅的一角辟出来做半封闭式茶室，还能为客厅增添一分雅趣。可选配一套专门的桌椅来放茶具喝茶，或直接摆放一个茶台，在旁配上一个多宝格或小条案，摆上精美的茶具、瓷器、茶宠等。

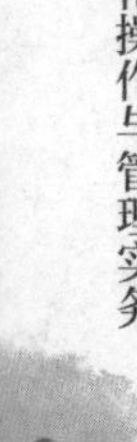

② 书房茶室。如果喜欢个人品茶，也可在书房的一角辟出品茶空间。做一个较宽的地台，铺上榻榻米或单色的软垫，其上可放置茶几、茶器，也可在书桌上摆放茶盘，也可单独放置茶桌，在书柜或多宝格里摆上精美的茶具、瓷器、茶宠等。

③ 阳台茶室。家中的阳台封闭起来，也可改造成茶室。在阳台做一个地台，可以是木质的地台，也可是轻体砖砌的水泥地台，外贴仿古砖或石材，地台上面可放茶几、茶墩、茶盘等。

④ 如果家中面积有限，飘窗也可变成茶室。飘窗较大，可买小茶桌放在上面，茶桌两边一边放一个坐垫。如果飘窗面积不够大，可在上面放上木质窗台垫、软垫，需要喝茶时，用一个托盘将茶具装出即可。

Item 项目 7

茶艺服务

茶馆经营服务规范

模块一
茶馆行业标准

从2012年6月1日起，中华人民共和国商务部将在全国范围内正式实施由国务院国有资产监督管理委员会（简称“国资委”）商业饮食服务业发展中心会同中国茶叶流通协会共同起草的《茶馆经营服务规范》（SB/T 10654—2012）行业标准。

本标准由商务部提出并归口，按GB/1.1—2009给出的规则起草。标准规定了茶馆的定义、专业服务要求及经营管理的要求，适用于依法注册的茶馆企业。这对全国商贸服务行业提高服务水平，在商贸服务领域营造“为民服务，创先争优”的良好氛围，引导全国茶馆企业认真贯彻执行经营服务规范具有开创性的意义。

部分编者作为茶馆标准化委员会委员参加了全国茶馆标准化委员会成立的新闻发布会暨《茶馆经营服务规范》贯标培训班开班活动。茶馆标准化委员会作为茶馆行业服务组织，旨在为全国茶馆经营服务企业构建最具价值的人脉网络与合作平台，促进茶馆企业强强联手，合作共荣，为中华民族茶馆文化的传承和复兴贡献力量。今后适时推出“茶馆经营服务示范店”评选活动将凝聚全国各地的优秀茶馆企业，为茶企精英搭建合作交流的良好平台。

〔案例〕

我国台湾1974年设立了“中国茶馆”，后来“中国工夫茶馆”等名称为店号的茶艺馆渐渐多起来。1982年衍生出茶艺馆身份合法化的问题，1983年11月19日，台湾正式准予茶艺馆设立，茶艺馆自此成为一个被认可的新行业。

需要指出的是，作为职业化管理的服务需求，茶艺馆从业人员应对《茶馆服务经营规范》引用的规范性文件粗略了解。比如GB 16153《饭馆（餐厅）卫生标准》、GB 14934—94《食（饮）具消毒卫生标准》、GB 5749—2006《生活饮用

水卫生标准》、GB/T13391—2000《酒家酒店分等定级规定》等。

茶艺馆的开办，设施设备一应俱全。配备符合国家相关规定和标准的消防设备、污水排放设备、洗消设备、除尘及垃圾存放设备；有符合仓储条件的原材料库房；根据茶馆所在地实际需要配备通风、调温、水处理设备；所有设施设备确保客人使用方便安全，完好率100%；茶馆提供餐饮服务的，其厨房面积应与餐厅面积相适应；食（具）洗涤、消毒清洗池及容器应采用无毒、光滑、便于清洗、消毒防腐蚀的材料；配备专用的消毒食（饮）具存放柜，避免与其他杂物混放，并对存放柜定期进行消毒处理，保持其干燥清洁。

茶艺馆的经营环境是职业化管理的重要组成部分。食（具）消毒间（室）必须建在清洁、卫生、水源充足，远离厕所，无有害气体、烟雾、灰沙和其他有毒有害品污染的地方；严格防止蚊、蝇、鼠及其他害虫的进入和隐匿。要保持空气流畅、清新，有良好的照明度和适宜的温度，光线柔和，还需保持营业场所清洁、整齐，清扫时应采用湿式作业。另外，宜在装修装饰方面突出民族性，装修质量必须符合国家制定的相关标准。

茶艺馆的从业人员应符合一定条件：遵守行业的职业道德；具有符合岗位要求的健康证明；有相应的上岗培训考核合格证明，掌握茶叶及泡茶的基本知识，熟悉所卖茶水的特点。

模块二
茶馆服务流程

茶馆的服务流程有以下几个方面：

① 准备。包括环境器具准备。细致清扫茶馆内外，所有器具、物品清洁消毒后归位，以便取用。

② 站位。准备工作完成后，全体员工分区站位，保持优美站姿，精神饱满，举止端庄。

③ 迎宾。客人到来时热情迎接，并迅速把客人引领到合适的座位，与茶艺师做好交接。

④ 接待。礼貌亲切，周到自然，主动依据客人饮茶习惯、爱好及特殊要求，合理推荐茶品茶点，服务适时适度。

⑤ 出茶。根据进货情况检查茶品，确保品种、品质、分量无误后再给客人冲泡。

⑥ 泡茶。合理选用冲泡器具，正确运用冲泡方法，根据客人需要介绍茶品特色及饮用常识，进行茶艺表演。

⑦ 巡台。在不打扰客人的前提下，保持饮茶环境的清洁、清新，保证客人消费需求的及时满足。

⑧ 结账。核对客人消费情况，请客人点清找零，收好发票。

⑨ 送客。提醒客人带好随身物品，恭敬亲切地送客人离开。

⑩ 恢复台面。迅速清洁台面，等候迎接后面的客人。

模块三

茶馆经营管理

茶馆的经营管理是一项专业性较强的工作，除了具有一般性服务行业的共同之处，它还有自身的特点和内容。可以说，茶艺馆具有文化特色的民族性、艺术的综合性、顾客的多样性、产品的独特性、效益的社会性、经营管理的复杂性等特点。

经营管理涉及以下方面：

① 茶馆经营的茶业品种一般不少于10种。茶器具选配合理，数量充足，质量符合国家标准。

② 提供餐饮服务的茶馆，餐饮区与清饮区有一定距离。

③ 明示营业时间、供应品种和服务项目的收费标准，并严格按明码标价执行，提供的服务内容和费用应当符合与消费者的约定。应当依法向接受其服务的消费者出具单据和发票。

④ 字号牌匾的文字书写规范，店堂内外干净明亮，布局合理。在醒目位置悬挂企业《营业执照》、《卫生许可证》、服务项目与价目表等。客人消费场所设有醒目规范的公共标识。

⑤ 有健全的卫生管理制度并有专人负责卫生工作。卫生要求（水质符合GB5749—2006《生活饮用水卫生标准》；茶具等用品用具符合国家WS 205—2001《公共场所用品卫生标准的要求》；经营场所符合GB 16153 《饭店（餐厅）卫生标准》。

⑥ 严格控制茶渣、餐厨垃圾的流向，应做好分类处理和回收利用工作。

另外，茶艺服务常用表格需齐全，比如：存放茶叶基数表格、固定茶具基数表格、会员填写表格、客人存放茶叶表格、客人养壶表格，等等。

模块四
茶馆服务规范

虽然茶馆服务场所不同于茶叶店，但茶馆的服务规范和茶叶店服务规范有相同之处。

① 服务人员应使用普通话接待顾客。

② 应当文明经营、热情服务，不得强行拉客，不得侵犯消费者的人格尊严和危害消费者的人身、财产安全。

③ 从业人员服务时禁止使用香水。

④ 仪表端庄、大方，精神饱满，举止得体，面带微笑，自尊自爱。

⑤ 服装整洁统一，工号醒目，鞋袜整洁，不穿在行走中发出声音的鞋子（特殊岗位除外，如领位员、门厅接待员），发型美观，自然大方。

⑥ 注意生活细节，不允许出现不文明的举止，避免给顾客留下不文明的感觉。

⑦ 服务人员注意服务细节，服务过程中应使用敬茶礼及双手礼等。

⑧ 使用文明用语。根据服务对象的不同，服务场合的不同，主动使用招呼、相请、询问、称呼、道歉、道别等语言。

⑨ 掌握语言交往的原则和技巧，说话声音温和，认真倾听顾客提出的问题，对重点问题要进行重复，以便准确了解顾客的需求。

⑩ 尽可能体谅顾客的心理，有问必答，回答问题准确和简明扼要。

⑪ 不随便介入顾客谈话，不对顾客品头论足。

⑫ 企业可根据需要配备掌握外语的服务员。

模块五

茶馆市场营销——经营者必读

为了销售产品或服务，企业必须与顾客建立联系，即建立理解与互惠的关系。企业必须理解顾客的需要，并提供一种可传递承诺利益的产品。

无论经营状况如何，在美国成长最快的那些公司都依赖于持续的营销活动。有时候你不得不承认，麦当劳周复一周的宣传与苹果产品月复一月的推广营销根本是一种投资。

成为成功企业的重要因素是有足够的人购买你的产品或服务，周复一周，月复一月，年复一年。营销必须持续地进行，必须传达一种连续的信息，显示对企业的热情。

〔案例〕

中国人民大学工商管理学院李进教授翻译的美国学者型商人格林与威廉姆斯著作《市场营销》一书列出了系列个人专题训练。笔者以为这部着眼于中小企业经营者和普通营销人员的著作很适用于中小茶馆。选编的个人专题训练26条方法是一个令人振奋又实实在在的营销事项。

个人专题训练1：从顾客的角度考虑问题。你的茶产品或茶艺服务的三个最重要的特点是什么？为什么这些特点对你很重要？和别人相比，你的茶产品或茶艺服务有何优点？等等。

个人专题训练2：我们现在如何营销？你在营销中投入了多少钱？在过去的一年里主要开展的市场研究与促销活动是什么？是否曾训练雇员讲述企业的营销故事？

个人专题训练3：你的企业是否是市场导向型的？有没有利用顾客的抱怨来改进产品或服务？消费者的需求是什么？是否保存过去评价的详细记录？

个人专题训练4：我们目前的顾客构成。多少顾客占到企业销售额的80%？如何发现“知识丰富”的顾客？如何使顾客每年多来一次？

个人专题训练5：我们的问题是什么？这个训练的目的是确定你不能完成的两个营销问题，然后详细列出解决这些问题所需要的信息即可。

个人专题训练6：分析经营环境。在将来的6个月内经济形势有何变化？一年内呢？这对你的企业有何影响？哪些文化趋势将影响对你的产品或服务的需求？新工艺茶品与制茶技术革新将如何影响你的产品或服务的分销方式？

个人专题训练7：消费者市场。按照年龄、性别、家庭、收入、职业、受教育状况、居住地、人口统计与市场规模确定你所服务的不同的子市场，并意识到你所服务的子市场是如何的不同。

个人专题训练8：茶产业用品市场。对子市场的雇员数、地理位置、是否建立全国连锁、决策制定者、地方统计等不同训练市场如何的不同。

个人专题训练9：理解顾客的需要。了解你的顾客是如何看待你的茶产品或服务？他们想从你的企业得到什么？为使顾客在你处方便购买，你可以做哪些事情？

个人专题训练10：估计销售额。确定目标市场，再确定消费率（或使用率），计算目标市场潜在的年购买量，进而估算销售量，确定销售价，最终计算销售额。

个人专题训练11：评价竞争者。按照经营年数、雇员数、目标市场、市场定位、优势、弱点、技术能力与顾客服务等因素为企业与竞争者提供一种测量体系，以便企业获利最丰。

个人专题训练12：SWOT分析。这个大家比较熟悉了。SWOT分析就是指的优势、弱点、机会与威胁四个要素分析。

个人专题训练13：检查自己的企业。你们提供哪些额外服务？你的顾客群两年里有没有改变？顾客喜欢你经营的哪些方面？等等。

个人专题训练14：成功经营的关键因素。比如独特的风格、可接受的地理位置、可接受的价位、24小时营业、保持高质量产品或服务、提供优惠等。

个人专题训练15：制定营销目标。训练目的是学习制定明确的可测量的营销目标，使营销战略独立于营销目标，确定你的企业将向何处去。

个人专题训练16：我的行动计划。比如，营销目标是赢得5个新客户，业务额是100万元。通盘考虑该采取哪些措施来实施一个营销战略。养成为每个任务设定最后期限的好习惯。

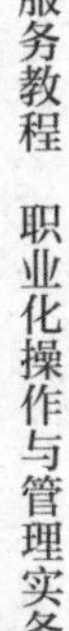

个人专题训练17：监督我的目标。把每个目标列出来，然后解释你将如何监督实现每个目标的具体进程，每个月把结果填入结果栏中。

个人专题训练18：我们的产品组合。以两种销售额最大的产品或服务为例，说明你想满足顾客何种需求，并详细描述你是如何建立产品的特色和利益来满足这种需求的。你们还将如何增加花色品种？如果改变没有成效，那么失败的原因是什么？

个人专题训练19：我们的产品或服务处于产品生命周期的哪个阶段？可以罗列企业的一些问题来选择对应的答案。比如，我们产品的特色是“被几个竞争者所模仿的产品”，在过去的一年中，我们的盈利是“达到了历史最高水平”等。

个人专题训练20：如何把我们的产品送到消费者手中。我们的产品选择分销，还是直接向顾客销售产品，或者说地理位置对我们的分销战略很重要，需要分享一下你对分销战略的看法。

个人专题训练21：我们如何定价。很多管理者用基于成本的定价法作为定价的起点，然后根据市场实际情况对基本价格进行调整。成本包括固定成本与变动成本。

个人专题训练22：促销目标。坦率地说，广告并不能直接用来促进专业服务的销售。制定促销方式，寻找潜在顾客、筛选潜在顾客，强化销售。

个人专题训练23：特色和利益。列出你的产品或服务的特色（特征）。对于每一种特色，列出顾客将如何从这个特色中得到利益。对于你准备为之服务的各目标市场，列出顾客最关注的利益。

个人专题训练24：描述你的细分市场。尽可能完全地描述你的主要竞争对手产品或特色。写出每个竞争对手的优势和弱点。在做这些工作时，记住个人专题训练1的主要内容，即要保证是从顾客的角度考虑问题。

个人专题训练25：编写广告和标题。本次训练的目的是写出一个句子来促销你的产品或服务。看看标题是否传达了全面信息，是否与广告相适应。“天福茗茶”的广告词几十年不变，即“天然、健康、人情味”。你选择的词与促销文字是什么？

个人专题训练26：促销宣传品清单。是不是写出了你想说的东西？强调了几点内容？强调了多少种产品、服务等材料。

每一天要不断地问自己：我还可以做哪些事情来提升或者更好地为顾客服务。巴克·罗格斯说："推销员应该像顾客的雇员一样为他们服务。"苹果公司当年"牛顿"笔记本电脑刚问世时，价格奇高，因为其产品独特，公司做出了"改善用户生活质量"的承诺。爱尔·南丁格尔说："有明确目标的人之所以成功，是因为他们知道自己正在向何处去。"诚然，没有目标，任何事情变得不相关。当需要推销时，如果你觉得自己不是一个推销天才，请记住伍尔沃斯的一句话："我是世界上最糟糕的推销员，所以我必须使人们觉得买东西是一件轻松的事。"

轻轻松松、惬意地喝上一口芳香无比的茶，带给茶客的也是舒心享受。如果你圆满、正规地完成以上26项专题训练，也就意味着你掌握了企业经营者和管理者的营销管理技能。

模块六

茶艺师的职业要求与操作技能

茶艺师的职业定义是：在茶艺馆、茶室、宾馆、餐饮企业等场所专职从事茶饮艺术服务的人员。

茶艺师职业等级：本职业共设五个等级，分别为初级（国家职业资格五级）、中级（四级）、高级（三级）、技师（二级）、高级技师（一级）。

茶艺师的职业要求首先是必须遵守职业道德与职业守则：

① 热爱专业，忠于职守；

② 遵纪守法，文明经营；

③ 礼貌待客，热情服务；

④ 真诚守信，一丝不苟；

⑤ 钻研业务，精益求精。

茶艺师要求掌握以下知识：

① 茶文化知识：掌握中国茶的源流、饮茶方法的演变、茶文化的精神及中外饮茶风俗等基础知识；

② 茶叶知识：需掌握茶树基本知识、茶叶种类、名茶及其产地、茶叶品质鉴别知识、茶叶保管方法等基础知识；

③ 茶具知识：需掌握茶具的种类及产地，瓷茶具、紫砂茶具及其他茶具；

④ 品茗用水知识：要了解品茶与用水的关系、品茗用水的分类、品茗用水的选择；

⑤ 茶艺基本知识：要理解品饮要义、冲泡技巧与茶点选配；

⑥ 科学饮茶：要知晓茶叶主要成分与科学饮茶常识；

⑦ 食品与茶叶营养、卫生方面：要知道食品与茶叶卫生基础知识与饮食业食品卫生制度；

⑧ 最后，应了解涉及茶业的法律法规，如：《劳动法》、《食品卫生法》、《消费者权益保障法》、《公共场所卫生管理条例》等劳动安全基本知识。

〔案例〕

茶艺师的操作要求如下表：

<table>
<tr><th colspan="3">项　目</th><th>初级(%)</th><th>中级(%)</th><th>高级(%)</th><th>技师(%)</th><th>高级技师(%)</th></tr>
<tr><td rowspan="18">技能要求</td><td rowspan="2">接待</td><td>礼仪</td><td>5</td><td>5</td><td>5</td><td>—</td><td>—</td></tr>
<tr><td>接待</td><td>10</td><td>10</td><td>15</td><td>—</td><td>—</td></tr>
<tr><td rowspan="2">准备与演示</td><td>茶艺准备</td><td>20</td><td>20</td><td>20</td><td>—</td><td>—</td></tr>
<tr><td>茶艺演示</td><td>50</td><td>50</td><td>45</td><td>—</td><td>—</td></tr>
<tr><td rowspan="2">服务与销售</td><td>茶事服务</td><td>10</td><td>10</td><td>10</td><td>—</td><td>—</td></tr>
<tr><td>销售</td><td>5</td><td>5</td><td>5</td><td>—</td><td>—</td></tr>
<tr><td rowspan="2">茶艺馆布局设计</td><td>提出茶艺馆设计要求</td><td>—</td><td>—</td><td>—</td><td>10</td><td>—</td></tr>
<tr><td>茶艺馆布置</td><td>—</td><td>—</td><td>—</td><td>10</td><td>—</td></tr>
<tr><td rowspan="2">茶艺服务</td><td>茶饮服务</td><td>—</td><td>—</td><td>—</td><td>—</td><td>10</td></tr>
<tr><td>茶叶保健服务</td><td>—</td><td>—</td><td>—</td><td>—</td><td>10</td></tr>
<tr><td rowspan="2">茶艺表演与茶会组织</td><td>茶艺表演</td><td>—</td><td>—</td><td>—</td><td>30</td><td>—</td></tr>
<tr><td>茶会组织</td><td>—</td><td>—</td><td>—</td><td>25</td><td>—</td></tr>
<tr><td rowspan="2">茶艺创新</td><td>茶艺编创</td><td>—</td><td>—</td><td>—</td><td>—</td><td>30</td></tr>
<tr><td>茶会创新</td><td>—</td><td>—</td><td>—</td><td>—</td><td>25</td></tr>
<tr><td rowspan="2">管理与培训</td><td>服务管理（技术管理）</td><td>—</td><td>—</td><td>—</td><td>15</td><td>15</td></tr>
<tr><td>茶艺培训（人员培训）</td><td>—</td><td>—</td><td>—</td><td>10</td><td>10</td></tr>
<tr><td colspan="3">合　计</td><td>100</td><td>100</td><td>100</td><td>100</td><td>100</td></tr>
</table>

◆ 图解泡绿茶——西湖龙井

1. 各位来宾大家好！今天由我为您奉上绿茶西湖龙井茶艺表演。

2. 介绍茶具：茶艺用具，茶仓，茶船，茶巾，茶荷，玻璃杯，随手泡。

3. 沐浴温杯：温杯是使杯身的温度提高，放入茶叶后能使茶香更好地发挥。冲泡绿茶多选用玻璃杯，可清晰地看到茶在杯中上下飘舞的美，又称“赏茶舞”。

4. 鉴赏香茗：将茶用茶匙拨至茶荷中，请大家赏茶。今天为大家沏泡的是产自浙江杭州的西湖龙井，龙井茶色绿光润，形似碗钉，匀直扁平，香高隽永，味爽鲜醇，汤澄碧翠，芽叶柔嫩，“色绿、香郁、味醇、形美”。

5. 佳茗入杯：投茶，放置时要适量均匀。

6. 润泽佳茗：温润茶叶，将水倒入杯中1/3处，此时的茶芽已渐渐舒展，冲泡高档绿茶选用80℃左右的水。

7. 高冲入杯：冲水至杯的七分满。冲泡绿茶需3～4分钟的时间。

8. 敬奉佳茗：奉茶。

9. 喜闻幽香：请大家和我一起端起杯，细闻茶叶散发出来的清新香气。

10. 共品香茗：品茶。

11. 做茶完毕，谢谢大家观赏。

◆ 图解泡乌龙茶——安溪铁观音

1. 各位来宾大家好！今天为您奉上安溪铁观音茶艺表演。

2. 介绍茶具：首先为您介绍茶具：茶艺用具，茶仓，壶承，水方，茶巾，茶垫，茶海，漏网，紫砂壶，闻香杯，品茗杯，随手泡。

3. 置杯定位：将扣在品茗杯上的闻香杯翻转，与品茗杯并列于杯托上。

4. 孟臣温暖：温壶，惠孟臣是明代著名的制壶名家，后世将上等的紫砂壶称为孟臣壶。再次清洗茶具，同时提升壶身的温度。

5. 温茶海、温滤网。

6. 精品鉴赏：用茶则盛茶叶，请客人观赏，今天我们为您选用的是安溪铁观音茶。

7. 佳茗入宫：将茶拨入壶中，茶量为壶的1/2或1/3。

8. 润泽香茗：温润泡，先将紧结的茶叶温润，可使以后冲泡的茶汤浓淡相同。

9. 荷塘飘香：将温润泡的茶汤倒入茶海中，用来温杯。

10. 旋律高雅：用高冲水低斟茶的手法使茶叶上下翻滚。

11. 沐淋瓯杯：温杯的目的在于提升杯子的温度，使杯底留有茶的余香，温润泡的茶汤一般不饮用。

12. 茶熟香温：将浓淡适度的茶汤倒入茶海中。

13. 茶海慈航：分茶入杯，茶斟七分满，留下三分是情谊。

14. 敬奉香茗：奉茶。（以下为乌龙茶品饮演示）

15. 热烫过桥：左手端起闻香杯旋转慢慢将茶汤倒入品茗杯中。

16. 幽谷芬芳：嗅闻茶汤香气。

11
12
13
14
15
16
17
18
19

17. 杯里观色：右手拿起品茗杯欣赏茶汤颜色。

18. 听品品趣：一杯茶分三口以上慢慢细品。

19. 和静清寂：静坐回味，品趣无穷。

安溪铁观音茶艺表演到此结束，谢谢大家观赏。

◆ 图解泡红茶——正山小种

1. 恭迎嘉宾：大家好！今天为您奉上红茶正山小种茶艺表演。

2. 摆杯放具：翻杯。

3. 温壶洁具：提升壶身的温度，使茶汤均匀。将水倒入茶海中。

4. 鉴赏佳茗：用茶则盛取茶叶请客人赏茶，今天为您冲泡的是福建武夷山的正山小种。

5. 茶置壶中：将茶放置瓷壶中。

6. 冲水润芽：将水冲入瓷壶。

7. 再次洁具：用茶海中的水来温汤品茗杯。

8. 茶熟香温：将泡好的茶汤倒入茶海中,再分别倒入品茗杯中。

9. 敬奉佳茗：奉茶。

做茶完毕，谢谢大家！

◆ 图解泡黑茶——普洱茶

1. 中国是茶的故乡，云南则是茶的原产地，今天为大家奉上云南普洱茶茶艺表演。

2. 摆盏备具：将普洱茶准备好，准备茶艺用具，茶海，品茗杯，茶荷，杯托，陶壶壶承，水方。

3. 淋壶温杯：将开水注入壶中，可以提升壶内外的温度，用温壶的水温茶海、温杯。

4. 赏茶置茗：普洱茶采自世界茶树的发源地，用云南乔木型大叶种茶树上的鲜叶制成，芽长而壮，白毫多，内含大量茶多酚、儿茶素、水溶性浸出物、多糖类物质等成分，营养丰富，具有越陈越香的特点。投茶量为壶身的1/3即可。

5. 涤尽凡尘：普洱茶不同于普通茶，普通茶论新，而普洱茶则讲究陈，除了品饮之外还具有收藏及鉴赏价值，存放时间较久的普洱茶难免存放过程中沾染浮沉，所以通常泡茶前宜快速冲洗干茶1遍。

6. 悬壶高冲：冲泡普洱茶时勿直面冲击茶叶，会破坏茶叶组织，需逆时针旋转进行冲泡。

7. 出茶赏汤：将茶汤倒入茶海中，普洱茶冲泡后汤色美，似醇酒。

8. 平分秋色：俗语说“酒满敬人，茶满欺人”，分茶以七分为满，留有三分是茶情。

9. 敬奉香茗：奉茶。

10. 细闻陈香：普洱茶香不同于普通茶，即使是同一种茶，不同的年代，不同的场合，不同的人，不同的心境，冲泡出来的味道都会不同，而且普洱茶香气独特、品种多样，有樟香、兰香、荷香、枣香、糯米香等。

11. 品味奇茗：品茶。

12. 做茶完毕，谢谢大家！

◆ 图解泡花茶——碧潭飘雪

对于北方人来说，花茶受欢迎。她融茶之清韵与花之幽香于一体，花香、茶味相得益彰。

1. 恭迎嘉宾：大家好，今天为大家奉上花茶茶艺表演。

2. 温盏洁具：清洗盖碗，并将盖碗升温，使其保持冲泡后的温度。

3. 鉴赏佳茗：将茶拔至茶荷中，请客人赏茶。今天为您冲泡的是产自四川的茉莉花茶碧潭飘雪。

4. 佳茗入盏：将茶均匀适度地拨入盖碗中。

5. 温润香芽：温润泡，先温润茶芽，可使冲泡的茶汤浓淡均匀。

6. 悬壶高冲：冲水至盖碗的翻边处。（介绍茶叶的特点：茉莉花茶属于绿茶的再加工茶，又称香片，集茶香与茉莉花香于一体，茶能吸花香、增茶味，即保持浓郁的茶味，又有鲜灵持久的芬芳。）

7. 敬奉香茗：奉茶。

8. 闻香。

9. 赏汤。

10. 品茶。

花茶茶艺表演到此结束，谢谢大家观赏。

Item 项目 8

中外茶道

模块一

茶艺与茶道

唐代皎然诗歌《饮茶歌诮崔石使君》中有："孰知茶道全尔真，唯有丹丘得如此。"一句，这是现存文献中对茶道的最早记载。尽管"茶道"这个词从唐代至今已使用了一千多年，但不少人误以为"茶道"来源于异邦。

先有茶道的实际生活，才能归纳出"茶道"的语汇。唐代刘贞亮在《饮茶十德》也提出："以茶可行道，以茶可雅志"。

中国的"茶道"可以说是重精神而轻形式。有学者认为：必要的仪式对"茶道"来说是较为重要的，没有仪式光自称有"茶道"，似乎有点欠缺，搞得犹如邻邦有茶就可以称日本茶道，有剑也可以称日本剑道，那似乎就泛化了。

中国的"茶道"有着独特的东方精神文化，实质就在于没有一个科学的、准确的定义，而要靠个人凭借自己的悟性去贴近它、理解它。

20世纪80年代以后，随着茶文化热潮的兴起，许多人觉得应该对中国的"茶道"精神加以总结，归纳出几条便于茶人们记忆、操作的"茶德"。已故的原浙江农业大学茶学专家庄晚芳教授1990年发表文章认为"发扬茶德，妥用茶艺，为茶人修养之道"，他提出中国茶德是"廉、美、和、敬"，并加以解释：廉俭有德，美真康乐，和诚处世，敬爱为人。中国农业科学院茶叶研究所原所长程启坤在1990年第6期《中国茶叶》杂志上发表《从传统饮茶风俗谈中国茶德》一文，主张中国茶德可用"理、敬、清、融"四字来表述，并加以解释：品茶论理，理智和气；客来敬茶，以茶示礼；廉洁清白，清心健身；祥和融洽、和睦友谊。《中国农业百科全书·茶叶卷》所列现代十大茶叶专家中目前唯一健在的我国"茶界泰斗"张天福（1910年生）老先生1996年提出"俭、清、和、静"的中国茶德，他认为：茶尚俭，勤俭朴素；茶贵清，清正廉明；茶导和，和衷共济；茶之静，宁静致远。

〔案例〕

1982年，台湾林荆南教授将茶道精神概括为“美、健、性、伦”四字，即“美律、健康、养性、明伦”，称之为“茶道四义”；1989年，台湾周渝先生也提出“正、静、清、圆”四字作为中国茶道精神的代表；广东陈香白教授认为中国茶道精神的核心就是“和”，意味着天和、地和、人和，宇宙万物的有机统一与和谐，并因此产生实现天人合一之后的和谐之美；香港叶惠民先生也认为“和”是茶文化的本质，也就是茶道的核心 。

1981年，台湾茶界与民俗专家斟酌“茶道”是以修行得道为宗旨的饮茶艺术，包含茶礼、礼法、环境、修行四大要素，考虑到茶道的内涵大于茶艺之关系，提出了中国“茶艺”这一概念。其后，大陆茶文化界也开始沿用。“茶艺”一词，早在20世纪30年代就已经在我国内地出现，但与我国台湾省首次提出使用“茶艺”含义有别。

“茶艺”的界定，众说纷纭。一种意见认为应专指泡茶时的技法及艺术氛围；另一种意见则认为包括采茶、制茶、泡茶、赏具乃至茶诗、画等有关茶的所有茶事活动。到底是狭义一点好，还是广义一点好呢？若选前者，有人会觉得内容单调；若选后者，又会让人觉得中国茶文化停留在日常生活文化的范畴，艺术性不高，不够高雅。看来问题要交给今后更有智慧的人去解答了。

〔案例〕

茶艺名称的由来有一个发展过程，在唐代，“艺”字就与“茶”字联姻；宋代之际，“艺”字与烹茶、饮茶联系在一起。“茶艺”一词，早在20世纪30年代就已经在我国内地出现，但与现在的茶艺含义有别。20世纪70年代，中国宝岛台湾地区使用“茶艺”一词后，全国各地广泛使用，并赋予新的内涵。

唐代茶人对“中国茶艺”作了初创和开端，宋代茶人进一步完备及系统的阐述。饮茶风气日盛，茶艺也更为精深。明代创制紫砂壶与清饮法的普及，加之清代雍正时期乌龙茶的产生，史无前例的贡献了风格最独特、影响最大，世界流行最广的“功夫茶”。“功夫茶”似乎成了茶艺的代名词，茶艺渐成了“茶+艺”，殊不知，此有“盲人摸象”之嫌。我们在2012年编著出版的《三步炼成茶艺师》一书中已从茶、器、水着手，从“吃茶去”公案着眼，从“禅茶一味”茶道思索，从种植、精制、加工、营销等方面考量，对茶艺师是怎样“炼成”的做了个探讨。我们认为，茶道必须以茶艺为载体，才能充分体现“天人合一”的茶道本真。

模块二

茶艺类型

开门七件事——柴米油盐酱醋茶。虽说《茶经》是茶人们的必读经典，是茶文化的基石和传承的衣钵，但是，日常生活中，我们需要喝茶情缘。一酌一饮品佳茗，茶饮养身更养心。舒心喝茶是第一位的，存茶以备不时之需，置茶以图嗜好之选。

茶艺是中国茶文化的重要内容。从世界第一本茶书——唐代陆羽（字鸿渐）《茶经》问世以来，茶艺演绎成一门艺术，饮茶艺术；一种职业，茶师（茶艺师或评茶师）；一个系统，涵盖识茶、泡茶、评茶，知识与实践的高度统一。

我们认为，中国茶艺属综合性文化体系，包涵茶艺、茶德、茶礼、茶理、茶情、茶学、茶引等七种义理，以及中国茶艺之精神核心“和”。中国茶艺通过茶事过程引导个体在本能的、理性的享受中走向完成品德修养，以实现全人类和谐安乐之道。

茶艺发展从生活中来。根据不同的划分原则和标准，茶艺可以具体分为以下类型：

以茶事功能可分生活型茶艺、经营性茶艺、表演性茶艺。

以茶叶种类可分红茶茶艺、绿茶茶艺、乌龙茶茶艺、黑茶茶艺、黄茶茶艺、白茶茶艺、花茶茶艺。

饮茶器具来分有壶泡法（紫砂壶、陶器、瓷壶）茶艺、盖碗泡法茶艺和玻璃杯泡法茶艺。

冲泡方式来分有烹茶法、点茶法、泡茶法、冷饮法等。

以社会阶层来分有宫廷茶艺、文士茶艺、宗教茶艺、民间茶艺等。

以饮茶人群来分主要是少儿茶艺、伤残人茶艺等。

以民族来分有汉族茶艺、少数民族茶艺等。

以民俗来分有客家擂茶、惠安女茶俗、新娘茶、阿婆茶等。

以地域来分有北京的盖碗茶、婺源文士茶、修水礼宾茶等。

以时期来分有古代茶艺、当代茶艺等。

无论何种茶艺，都体现出中国茶艺的共性和个性的和谐统一。

〔案例〕

义理在中国文化教育过程中皆有涉及。“和”属哲学、美学范畴，是先民们企求与天地融合以实现生存幸福目标的朴素文化意识。其内涵十分丰富，不但囊括了所谓“敬”、“清”、“寂”、“廉”、“俭”、“美”、“乐”、“静”等意义，而且涉及天时、地利、人和诸层面。儒、释、道均提出了“和”的理想，但并非没有差别。儒家重视礼义，体现中和之美；释家推行超越现世，体现规范之美；道家介导自然，体现无形式、无常规之自然美，迎合了一般中国民众的强烈实用心理。

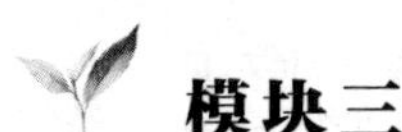

模块三

茶道的传播与发展

我国是茶的故乡，是最早发现和利用茶的国家。

相传从公元4世纪时饮茶的习惯就已开始逐渐普及了。几千年的中国茶业发展史，经过历代茶人的努力创造和改进产生了数以千计不同名称的茶叶，千姿百态各放异彩，形成了独具特色的中国茶文化。

〔案例〕

茶的利用在我国相传有5000余年的历史，若依成书于东汉的《神农本草》（又名《神农本草经》），可上推到4700年以前。《神农本草》载："神农尝百草，日遇七十二毒，得荼而解之"，此处的"荼"即"茶"。西汉时，王褒所撰《僮约》（公元前59年）中有"烹茶尽具"、"武阳买茶"记载，可见当时武阳（今四川彭山县的双江镇）已成为茶叶商品中的重要集散地，烹茶饮茶已成为日常的生活习惯。

在唐朝陆羽撰写《茶经》盛事时期起就更吸引了世界上众多仰慕中国文化的外国人来留学。

公元805年，日本最澄和尚到中国留学，回国时带回了茶籽，空海和尚与永忠和尚也相继回国，逐步发展出属于日本风格的饮茶文化。此后，"日本茶道"的集大成者千利休（1522—1592年）开创了日本茶道的独特形式，三千家的确立，家元制度的建立与抹茶道盛行，茶道遂成为西方世界理解日本文化的主要途径之一。

茶叶传入朝鲜半岛，记载于《三国本记·新罗本记》"兴德王三年"条：冬十二月，遣使入唐朝贡，文宗召对于麟德殿，宴赐有差，入唐回使大廉，持茶种子来，王使植地理山，茶自善德王时有之，至于此盛焉。由此看出，新罗国兴德王三年（828年）就已经确定从中国传入茶种，而且种茶、饮茶盛行。茶在朝鲜半岛之流行，先后经历了三国（新罗、高句丽、百济）时代的茶道孕育期、高丽时代饮茶的全盛时代、朝鲜李氏王朝的茶道衰微和再兴、日治时代殖民地的茶道文化及其后南北时代（“二战”后，朝鲜与韩国南北对峙）韩国茶道的自主与发展。目前韩国以生产绿茶为主，红茶产业没落。近几年来，韩国茶道活动频繁，茶道表现形态大致可以归纳成实用茶法、生活茶礼、献茶礼、茶道表演及引入台湾茶艺专家蔡荣章先生创办的无我茶会等。

世界上有些地方是不喝绿茶或乌龙茶的，但却都喝红茶。这不能不说英国人对红茶文化的贡献。红茶生产量一直高居世界茶叶总产量的70%以上，国人在海外如果说到茶，那就是“Black Tea”（红茶）了。英国不产茶，但直到1998年6月29日举行了最后一次拍卖，伦敦茶叶拍卖市场前后持续了319年。英国的“茶道”就是起源于19世纪中叶的下午茶，其饮茶方式与习俗自成一格，体现了英国特色的红茶文化。

〔案例〕

18世纪初的英国几乎没有人喝茶，18世纪末则人皆饮茶。1699年，英国官方的茶叶进口量大约是6吨，一个世纪之后就达11000吨。1784年，英国茶叶进口税改革。主营茶叶的东印度公司与英政府为扭转英国对中国的贸易逆差（主要原因是英国对中国茶叶的巨大需求），英国开始向中国走私毒品鸦片，获得暴利。1938年冬，钦差大臣林则徐查禁鸦片，于虎门销毁鸦片2万余箱。1840年6月，第一次鸦片战争爆发。

茶叶影响了世界历史的进程，促发了美国独立战争和中国封建王朝走向衰败等巨变。

〔案例〕

18世纪初，英国殖民者的残酷掠夺引起北美人民的反抗，1773年12月发生了“波士顿倾茶事件”莱克星顿的枪声标志着美国独立战争的爆发。北美人民愤怒抗争。1774年北美殖民地的代表召开第一届大陆会议，拟就呈交英皇的请愿书和抵制英货的法案。1775年4月19日北美独立战争在列克敦正式爆发，经过7年的艰苦战争，终于获得胜利，1783年9月3日，英国正式承认美利坚合众国成立。

茶与人类文明进步的历史进程息息相关。茶源自中国，在日、韩和欧美等地萌发出各具特色的茶文化之花。

Item 项目 9

茶艺服务

制茶与识茶

模块一
茶叶概况

◆ 茶的栽培

关于茶园设置和栽培方法的详细记载，以唐代陆羽的《茶经》为最早。但中国人工栽培茶树的历史可追溯到秦汉时期的蒙山及巴蜀地区。

从三国到南北朝，茶早已随着佛教在中国的传播而盛行，多数名山寺院的附近都有茶园。

◆ 茶的演变

茶经历了一个漫长的演变过程。最先应是不作任何加工处理的生食，至秦汉年间则已普遍生煮羹饮了，魏晋时代有了制饼茶的方法，唐代我国就已生产绿茶（蒸青团茶）。元代蒸青团茶逐渐被淘汰，蒸青条茶大为发展。明代改蒸汽杀青为锅炒杀青，在11世纪前后四川就有用绿毛茶经长时（20余天）渥堆变色的“黑茶”生产销往西北。白茶在宋徽宗赵佶的《大观茶论》（1107年）中就已提到：“白茶自为一种，与常茶不同。”白茶到底始于何时？尚难确定。但最先的茶叶制干办法是鲜叶日晒，这与现今白茶制法（第一道工序为“日光萎凋”）最接近，从这个意义上看，或许白茶是生产最早的一个茶类，近代白茶开始于1796年。黄茶就其制法而言，应用创制于公元1570年前后，系由炒青绿茶演变而来。明末清初（1650年前后）福建省首创了红茶制法。18世纪前期的雍正年间（1725—1735年）福建安溪的茶农创制了青茶（乌龙茶）。

综上所述，至18世纪末，我国的绿、黄、黑、白、青、红等六大茶类初加工技术均已定型，其特征工艺工序沿用至今，变化不大，即使有变化，也只是工艺执行方法、控制标准及机具设备等方面的非实质性变化。

模块二
茶树种植

目前，被找到的树龄最大的茶树在云南千家寨，近2800岁的古树现在依然枝繁叶茂。那么茶树是如何被发现的呢？《神农本草经》记载：神农尝百草，日遇七十二毒，得茶而解之。

世界茶树分布区域，从北纬49°的外喀尔巴阡至南纬33°的纳塔耳，以北纬6°~32°之间植茶最为集中，产量最多。世界茶叶采摘面积中，亚洲的茶叶采摘面积与产量均居世界首位，非洲的茶叶采摘面积、产量均居世界第二，南美洲的茶叶采摘面积、产量均居世界第三，大洋洲、欧洲面积产量分别居世界第四、第五；北美洲为各大洲之末。

〔案例〕

全世界52个产茶国，以中国、印度、斯里兰卡、肯尼亚、印度尼西亚、土耳其为主产茶国家。中国、印度、斯里兰卡、肯尼亚四国产量就占世界总量的70%以上。中国茶叶采摘面积为世界第一，是印度的1.8倍，但茶叶产量只有在近几年才超越印度。中国茶叶单产还是低于世界平均单产，还不及津巴布韦的一半水平。

我国茶树种植区南起海南榆林（北纬18°），北至山东荣成（北纬37°）；西自西藏米林（东经94°），东达台湾东岸（东经122°），南北跨6个气候带，约200万平方千米的范围内。主产省（区）是闽、浙、湘、皖、川、滇、台。根据农业区划原则和前人的区划研究成果，我国茶叶产地可划分为华南、西南、江南和江北4个区。

〔案例〕

我国四大茶区：江北茶区、江南茶区、西南茶区、华南茶区。

茶树原产于我国西南部以云南、贵州高原为主体的地带，因其长期生长在光照较弱、日照时间短的环境下，因而形成了既需要阳光但又相对耐阴（或者具有一定的耐阴性）的习性。

茶树的地上部位依其整株形态，有灌木、半乔木（又称小乔木）和乔木三种类型。根据叶片的大小一般将茶树分为大叶种，中叶种和小叶种3种类型。茶花系两性花，由花柄、花萼、花冠、雄蕊和雌蕊组成。茶树果实为蒴果。果皮未成熟时为绿色，成熟后变为棕绿色或绿褐色。

〔案例〕

茶树为深根性多年生木本植物。茶树在植物分类学上属：

界：植物界

门：被子植物门

纲：双子叶植物纲

目：山茶目

科：山茶科

属：同茶属

种：茶种

茶树种植技术，广义来说，涉及建园的全过程，即园地选择、规划、垦辟、良种选配、种植规格确定、种植行布设、种植沟挖掘、底肥施用、定植和新建园护理等。

在茶叶生产和科学研究上，通常按品种的来源和繁殖方法，将它们归为若干类。如地方品种，新育成品种，有性系品种和无性系品种。其中未经改良的地方有性系品种，习称群体品种。茶树繁殖方法多种多样，如茶子育苗、扦插育苗、压条法和分蔸法等。

〔案例〕

制作高级名茶需“细嫩采”（一般是采摘茶芽和一芽一叶，以及一芽二叶初展的新梢），制作大宗茶类用“适中采”（一般以采一芽二叶为主，兼采一芽三叶和幼嫩的对夹叶），制造乌龙茶，采摘标准是茶树新梢长到顶芽停止生长，顶叶尚未“开面”时采下三、四叶比较适宜，俗称“开面采”或“三叶半采”。

茶叶采摘的质量，关系到茶叶质量。茶叶采摘的方法主要有手工采茶和机械采茶两种。目前细嫩名优茶的采摘，由于采摘要求高，还不能实行机械采茶，仍用手工采茶。机械采茶多采用双人抬往返切割式采茶机采茶。如果操作熟练，肥水管理跟上，机械采茶对茶树生长发育和茶叶产量、质量并无影响，而且还能节省采茶劳动力，降低生产成本，提高经济效益。因此，近年来，机械采茶愈来愈受到茶农的青睐，机采茶园的面积一年比一年扩大。

模块三
茶叶分类

从古至今，我国茶叶的利用，大体经历了咀嚼鲜叶、生煮羹饮、晒干收藏、蒸青做饼、炒青散茶，及白茶、黄茶、黑茶、乌龙茶、红茶、再加工茶等多种茶类齐全的发展过程。

茶叶形状千姿百态，名茶琳琅满目，数不胜数。茶叶分类方法很多，茶叶的名字更是五花八门，争奇斗艳。有的根据干茶叶的外形命名，比如“雀舌”、“瓜片”、“松针”、“骏眉”、“龙珠”等；有的根据采摘时间命名，比如“明前”、“雨前”、“正秋”、“早春”之类；还有的根据产地命名，像“西湖龙井”、“山峡云雾”，“神农奇峰”等；另外还有根据加工工艺不同来命名，比如“炒青绿茶”、“茉莉花茶”、“普洱紧压茶”；还有的以茶树品种命名的，“铁观音”、“大红袍”、“水仙”等，真正是“茶叶喝到老，茶名记不了”。

〔案例〕

茶叶分类方法很多，有依萎凋程度的，依“发酵”（即叶内多酚类化合物较充分氧化的渥红）程度的，依茶叶形状的，依茶叶色泽的，依茶叶产地的，依茶叶加工的，依销售市场的，依栽培方法的，依茶树品种的，依窨花种类的，依包装种类的，等等。较具有代表性和比较科学的分类方法是根据生产特点和制造工艺，将茶叶分为“基本茶”和“再加工茶”两大类。

给任何东西分类，就应该有一个统一的标准。目前茶行较公认的分类方法是将茶叶分为基本茶类和再加工茶类。

◆ 基本茶类

基本茶类中有绿茶、白茶、黄茶、黑茶、乌龙茶（即青茶）、红茶6类，再加工茶类是上述6类茶叶经过再加工而成，包括花茶、紧压茶、萃取茶、香味果味茶、保健茶和含茶饮料等。

我们可以这样表述基本茶类：六片鲜茶叶离开了它的生命母体——茶树之后，开始了新的生命历程，经过不同火热的历练、水的煎熬以及氧气的熏陶，揉捻、捶打，各种相互牵绊，这六片鲜茶叶终于凤凰涅槃，呈现出六种不同颜色的美丽身躯：红的、绿的、青的、白的、黄的、黑的。

原来就是这样，鲜茶叶经过不同的工艺，在不同的水分、温度、氧气的作用下，形成六大基本类型各自不同的颜色、香气、滋味。

1. 绿茶

绿茶，开始时用高温，阻断鲜叶细胞中的氧化酶，中止鲜叶中的酶促氧化反应，再经过揉、捻、搓、打等工艺，经过干燥就制成了绿茶，西湖龙井、山峡云雾、信阳毛尖等绿茶清汤绿叶，清香，汤色淡绿而明亮，所以有些人称绿茶为“清茶”。

绿茶又因锅炒杀青的干燥方法不同，分为炒青、烘青、晒青和蒸青。炒青又因制成的毛茶外形不同，分为长炒青、圆炒青和扁炒青；烘青是常见花茶的主要加工原料；晒青中的细茶称细青，晒青的粗茶用以加工紧压茶，其成品茶有沱茶、饼茶的方普洱茶等；蒸青绿茶，我国广西的巴巴茶为蒸青。日本、印度、俄罗斯均有生产蒸青绿茶。

2. 黄茶

黄茶，由于有人偏爱黄茶清鲜的香气和醇爽的滋味，黄茶虽然不多，但至今依然保留。实际上，它就是在绿茶工艺上增加了一道“焖黄”工艺，在绿茶经过“揉、捻、搓”等工艺之后，再在半成品要干未干燥之时，保留一定的水汽，将其“包”起来“焖”，最后再完全烘干即是黄茶，黄汤黄叶带“焖香”。君山银针、蒙顶黄芽及峡州鹿苑茶等都属黄茶一类。

3. 白茶

白茶，鲜叶采下之后，不人为地加热加力，让其处在长时间的自然萎凋和阴凉干燥的过程，最后所得的茶叶呈自然干燥，汤色白中显黄，香气清雅。白毫银针、白牡丹等属于此例。

白茶按茶树品种不同，分为“大白”、“小白”、“水仙白”等，采自大白茶品种的“称大白”，采自菜茶品种的称“小白”，采自水仙种的称“水仙白”。白茶按采摘标准不同，分为“白毫银针”、“白牡丹”、“贡眉”和“寿眉”。

4. 青茶（乌龙茶）

如果控制水分、温度等条件，让茶鲜叶的酶促氧化进展程度完全在掌握之下，这样会有什么结果呢？对了，这就是乌龙茶。铁观音、大红袍，凤凰单枞等茶既有绿茶鲜醇，又有红茶甜厚，茶叶泡开之后有“绿叶红镶边”或“红叶绿点明”。

我国乌龙茶产区有福建、台湾、广东三省。而以福建产制历史最长，品种花色多，产量最多，品质最好，尤以安溪铁观音和武夷岩茶齐名于国内外。福建是我国青茶生产的发源地和主要产区之一。乌龙茶类是介于红茶、绿茶之间的半发酵茶。闽北乌龙毛茶加工精制后，主要产品有武夷大红袍、武夷水仙、武夷肉桂、闽北水仙等。闽南乌龙茶以铁观音为代表。台湾乌龙茶以文山包种、冻顶乌龙为代表。

5. 红茶

红茶是目前国际市场上销售量最大的一个茶类，开始时，创造出适宜的温度、湿度条件，充分发挥茶鲜叶的酶活性，经过充分的酶促氧化，之后所得到的就是红茶：红汤、红叶，甜香，汤色金红。

国际市场风行的红碎茶初制与工夫红茶不同的，是增加了一道切（揉切、转切或CTC法）或捶击（LTP法）的工序，将茶条或茶叶破碎成颗粒状而成。

6. 黑茶

黑茶产区广阔，产销量大，品种花色很多。在大多数茶客眼里，黑茶不过是只“丑小鸭”。在加工绿茶时，有相当一部分原料太粗老，茶树鲜叶的酶促氧化不彻底，茶叶的粗涩味还十分明显，怎么办呢？再洒上水，保证一定温度渥堆，彻头彻尾地“焖”一场，这样再让其完全氧化。所以说，黑茶就是绿茶加工后再加一些工序，进行后发酵所得到的茶叶。

黑茶的成品茶有湖南的湘尖、黑砖、花砖、茯砖，湖北青砖茶，广西六堡茶，四川南路边茶以及云南的普洱茶（熟茶）等。黑茶以边销为主，故又称“边销茶”。“渥堆”为黑茶类的特殊工序，有的黑茶也夹有其他工序，如湖北老青茶的“复炒”、四川边茶的“蒸茶”。熟茶泡开叶底呈红褐色，滋味平和，入口顺滑。

◆ 再加工茶

说到这里，那么老北京人爱喝的花茶，属于哪一类呢？花茶属于再加工茶，它是以上面的六大茶类中的任何一种为原料，再用各种花卉来熏制（窨花）而得到的。茉莉绿茶，玫瑰红茶，玉兰花茶，桂花乌龙茶等等都属于这类。茶引花香相得益彰是其最大的特点。

同一棵茶树上采下来的鲜叶，原则上可以制成六大类不同的茶。并不是说绿树叶制绿茶，红茶是红树叶加工的。但是，每一个茶树品种，每一个产茶季节或每一个茶叶产地中采下来的鲜叶究竟适合于加工哪一个茶类，这又是一门学问，称之为“茶树的适制性”。

模块四
茶叶加工

就产茶季节而言，我国大部分茶区一般分为春、夏、秋三季（南部茶区有的地区四季产茶）。但茶季的划分标准不一。以时令划为：清明前采制的茶为明前茶，清明至小满采制的茶为春茶，小满至小暑采制的茶为夏茶，小暑至寒露采制的茶为秋茶；以时间分：5月底以前采制的茶为春茶，6月初至7月上旬采制的茶为夏茶，7月中旬以后采制的茶为秋茶。

〔案例〕

我们常说的春茶和夏茶的明显差别，主要是气温不同引起茶树物质代谢上的变化而形成的。处在活跃生长期的茶树新梢对温度的反应十分敏感。在适宜的范围内，茶树随着温度的升高而增加生长速度。春茶气温相对较低，有利含氮化合物的形成和积累，因而全氮量、氨基酸含量较高；但是对碳代谢来说，气温较低，代谢强度也较小，因此糖类以及由糖转化而来的茶多酚物质的含量也就比气温较高的夏茶相应低些。茶叶的生产实践表明，日平均温度20℃左右，中午25℃，夜间10℃左右，这种情况下生产的茶叶品质一般较好；当日平均气温超过20℃，中午气温在35℃以上时，所产茶叶品质下降。

◆ 绿茶加工

绿茶依初制工艺不同，分蒸青绿茶、炒青绿茶、烘青绿茶和晒青绿茶。再加工绿茶有速溶绿茶、蒸压绿茶、窨花绿茶、颗粒绿茶等。我国绿茶制法继承和发扬了传统炒制技术，并由手工炒制方式逐步发展到机械炒制。

◆ 黄茶加工

黄茶初制工艺与绿茶基本相同，只是在干燥前后增加一道“焖黄”工序，导致黄茶滋味变化，滋味变醇。按鲜叶老嫩的不同，有芽茶、叶茶之分，可分为黄芽茶、黄小茶和黄大茶三种。

◆ 白茶加工

白茶创制于福建省，至今已有两百多年的历史。清朝嘉庆初年，福鼎就有了采摘菜茶品种的茶芽，制造银针。其产品，芽头瘦小，白毫不显。1885年开始采大白茶的肥壮芽头制银针，其产品芽壮毫显、洁白银亮。1922年于建阳水吉创制白牡丹。白茶制法特点是不炒不揉，其传统初制工艺过程：萎凋（包括并筛、拣剔）一烘焙两个工序。

◆ 青茶（乌龙茶）加工

闽南乌龙茶鲜叶加工技术，其主要初制工艺程序是：摊青、晒青（包括凉青）、摇青、炒青、揉捻、烘焙六个工序。闽南乌龙毛茶加工程序是：付制毛茶—筛分—风选—机拣（手拣）—烘焙—摊凉—匀堆装箱等过程。

〔案例〕

安溪茶有内、外之分。西坪镇上尧村湖内（海拔800多米）所产夏茶品质可与尧山村南山春茶相媲美。谓之：“南山春、湖内夏”，说明地形、地势以及构成的微域气候因素都会影响茶叶品质。一般而言，在海拔升高情形下，代谢特点是糖向多酚类转化的比率少，而氨基酸含量有所增加。高海拔的植被和雨湿条件影响光强、光量与光质，相应调节茶叶茶多酚的生物合成与含氮化合物的分解代谢，有利于茶叶中特色的香型物质的形成。

闽北乌龙茶以武夷岩茶为代表。由于产地不同而有正岩茶、半岩茶、洲茶、外山茶之分。传统乌龙茶制法有十三道工序。

〔案例〕

张天福先生1989年主编的《福建乌龙茶》第三节“得天独厚的福建乌龙茶区”里讲道：产于武夷山中心地带天心岩、慧苑岩等皆为正岩茶，产于碧石、青狮等岩的为半岩茶，凡属武夷山外围等地茶园，海拔200米的溪旁平地则称为洲茶。

张老把“武夷山外围等地茶园出产的归为洲茶”而不归为“外山茶”很符合如今建设“大武夷新区”的武夷茶普及。目前，慧苑坑、牛栏坑、大坑口、流香涧、梧桐涧等处，为武夷“三坑两涧”，所产岩茶公认的品质最好；半岩茶产于武夷山范围内 “三坑两涧”以外的九曲溪一带，品质略差；洲茶产于平地和沿溪两岸。外山茶产在武夷山范围以外和邻近一带。

◆ 红茶加工

红茶是我国生产和出口的主要茶类之一，依制法不同和品质的差异，分为小种红茶、工夫红茶、红碎茶三种。

红茶制法起源于福建，在十六世纪中叶由福建武夷山市（原崇安县）首创小种红茶制法，是生产最早的红茶。小种红茶初制工艺程序是：萎凋—揉捻、发酵—过红锅—复揉—熏焙—筛拣—复焙八道工序。

〔案例〕

小种红茶是福建特有的一种外销红茶。产于武夷山市星村镇桐木关一带，称为“正山小种”或“星村小种”，品质最好。福安、闽侯、建阳、邵武、光泽等县市仿制的小种红茶，称“假小种”。还有用工夫红毛茶筛制中筛面上的茶叶切细加工后烟熏的，称“烟小种”，品质较差。

十八世纪中叶，在小种红茶制法的基础上，又发展了工夫红茶制法。

白琳工夫、坦洋工夫、政和工夫合称福建“三大工夫红茶”。工夫红茶初制工艺程序是：鲜叶萎凋—揉捻—发酵—烘干四道工序。工夫红茶制法，以后传到安徽祁门以及全国各地，成为我国红茶生产的主要产品。大约在19世纪，我国红茶制法传到印度、斯里兰卡等国后，在工夫红茶制法的基础上制作成红碎茶。

红碎茶又称切细红茶，是国际茶叶市场销售的主要品种，占茶叶总贸易量的90%以上。现已逐渐成为我国红茶出口的主要品种。分为叶茶（条形）、碎茶（颗粒状）、片茶（皱折状）、末茶（砂粒状）四个类型。红碎茶初制程序是：萎凋—揉切—发酵—烘焙四个工序。

◆ 黑茶加工

黑茶按照加工方法及形状不同分为散装黑茶与压制黑茶两类。

散装黑茶，也叫黑毛茶，主要有湖南黑毛茶、湖北老青茶、四川做庄茶、广西六堡茶、云南普洱茶等。初制工艺一般为：鲜叶原料—杀青—揉捻—渥堆—干燥五道工序。

压制黑茶是指以湖南黑毛茶、湖北老青茶、四川毛庄茶和做庄茶、广西六堡茶、云南晒青毛茶和普洱茶等为原料，经整理加工后，用汽蒸软化后压制成型。根据压制的形状不同，分为砖形茶，如茯砖茶、花砖茶、黑砖茶、米砖茶；枕形茶，如金尖茶；圆形茶，如饼茶等。

我国花茶生产历史悠久，花茶的大量生产始于1851~1861年间。花茶种类很多，依所用鲜花种类的不同，可分为茉莉花茶、白兰花茶、珠兰花茶、玳玳花茶、玫瑰花茶、栀子花茶、柚子花茶等。其中茉莉烘青（以烘青绿茶为茶坯，用茉莉花窨制而成）最多。茉莉花茶的窨制工艺为：茶坯处理—鲜花养护—茶花拌和—静置窨花—通花—续窨—起花—烘焙—提花—匀堆装箱等。

模块五 茶叶功效

通过现代生物学、化学分子学、药物学等的分析认证，在总结国内外科学家的研究成果的基础上，中国工程院院士陈宗懋先生对茶叶的健康作用归纳为兴奋提解、利尿通便、防止痢疾、防龋齿、减肥、促消化、静心明目等十多项，而美国《时代》杂志、德国《焦点》杂志，都将茶叶列入十大健康饮品。

茶的利用和生产的历史如此悠久，范围如此广，规模如此大，不能不归功于茶叶的特殊功能。到目前为止，人们共从茶叶中检测出茶多酚、咖啡因、蛋白质、维生素、氨基酸、糖类等约500多种有机成分，还有钾、钠、铁等28种矿物元素。

〔案例〕

李时珍在《本草纲目》中将茶药的功能进行了概括：茶苦而寒，阴中之阴，沉也，降也，最能降火。火为百病，火降则上清矣。中国传统医学认为，茶能益思、少卧、轻身、明目，可消食、止渴、利尿、消脂。近几十年的研究和实践表明，茶叶不仅具有上述功能，还具有降血脂、降血糖、抗氧化、抗癌变和防辐射伤害等作用。

茶叶的诸多药理保健功能是与茶叶中含药效成分分不开的，茶叶含有一些对人体具有特殊功效的功能性成分，如茶嘌呤碱、茶多酚、茶多糖、茶氨酸等。

茶叶不仅具有诸多保健功能，在某种程度上还能提供氨基酸、维生素等成分，日饮茶3、4杯便可满足人体对维生素C的需求。成人日饮茶5、6杯，便可供应人体所需的锰、钾、硒和锌等的量分别达45%、25%、25%和10%。

〔案例〕

茶叶中的功能性成分含量对人体保健的作用：

茶多酚（包括儿茶素、黄酮类物质）：抗氧化、清除自由基、抗菌抗病毒、防龋、抗癌抗突变、除臭、抑制动脉粥样硬化、降血脂、降血压等。

咖啡因：兴奋中枢神经、利尿、强心。

多糖：调节免疫功能、降血糖、防治糖尿病。

红茶色素（红茶）：降血脂，预防血管硬化，保护心血管。

叶绿素：除臭。

胡萝卜素：预防夜盲症和白内障，抗癌。

纤维素：助消化，降低胆固醇。

B族维生素：预防皮肤病，对神经系统有益。

维生素C：抗坏血病，预防贫血，增强免疫力。

维生素E：抗氧化、抗衰老、平衡脂质代谢。

维生素U：预防消化道溃疡。

维生素K：降血压、强化血管。

模块六
识茶实务问答

1问：同样是一种乌龙茶为何有多种价格?

答：茶叶品质的高低，受到地理环境、气候状况、采制技术等的影响差别很大，海拔高的茶区比海拔低的茶区品质好，晴天比雨天采制的茶叶的品质好。中午采的茶比早上采的茶青好，一芽二三叶的嫩芽比老叶好，发酵程度的控制，揉捻工夫等也影响茶叶的品质，因此就会有多种品质及价格。

2问：为何同一堆茶，茶叶的颜色仔细看起来有深、浅之别?

答：任何植物的叶子，向阳面与背阳面颜色深浅必然不同，茶叶正面呈墨绿色在揉捻过程中正面在外侧色泽深，若反面在外侧色泽浅，叶子较老或较嫩也有关系，不是掺杂别种茶造成的。

3问：茶水呈酸性还是碱性?

答：茶水是微酸性的，茶的发酵的程度越重则酸性的反应越强，这可以用石蕊试纸加以试验便知，红茶pH约为5，乌龙茶pH为6，绿茶pH约为6.5。

4问：高级茶叶很贵，其价值何在？

答：茶叶是一种非常奇妙的植物，要做出好茶非常困难。所谓天、地、人的配合，再加一点运气，才能做出好茶。因此在品质上想要突破，超前一点，都是相当不容易的，如特等茶与头等茶的品质相差极微而价钱相差一倍。

高级茶是艺术品，懂得欣赏的再高价钱也舍得买，当我们喝高级茶时。首先要想到这些茶是生长在一个环境优美，空气清新洁净的地方，由高明的师傅在最佳的时辰仔细地亲手摘下嫩芽，细致地根据温度、温度和工艺要求加工，再加上好运气，才能做出色、香、味俱全的好茶。它充满了天地的灵气和人的精华，其价值是无可衡量的。

5问：高级茶和普通茶外观有哪些明显不同？

答：高级茶颜色鲜亮，普通茶暗淡无光；高级茶看起来整齐，没有茶梗等杂质，精细均匀；普通茶长短不一，有茶梗、碎末、杂质、老叶。

6问：茶叶调味后是否有失茶之本味？

答：茶叶调味自然会损失本味，但如果能使其喝起来更爽口，更舒畅，就像牛奶内调果汁、可可一样也未尝不是一个新的突破。

7问：一般茶叶的保存期限为两年，是不是所有的茶都能存放两年？

答：一般来说，茶叶的保存期虽为两年，但清香的茶和香片茶，原则上适宜一年期间内泡饮以免茶叶新鲜味；如果是浓香的茶叶则越陈越醇，可用铁罐密封茶叶存放在干燥、阴凉的地方，保存得当，则可成为“陈年茶”，若存放在潮湿、高热环境中则不宜久存。通常消费者茶叶保存得不好，尤其是开封后，建议您还是在最短时间内冲泡。

8问：普洱茶有什么功效？

答：普洱茶性中和，具有解油脂、助消化、暖胃、生津止渴、健脾解酒的功能。据分析，普洱茶内含多酚类的儿茶素和芳香族化合物高于其他茶类。近年来，医学界研究临床试验表明，云南普洱茶还有抑菌作用，特别是浓茶汁。

9问：菊普茶有什么功效？

答：菊普茶是以普洱茶和菊花配制而成，特点是既有普洱茶显著的保健作用，又具有白菊花清凉明目的效果，口感较好，在香港、广州地区深受消费者喜爱。

10问：袋泡茶在冲泡时有一种茶包的味道，是否对健康有害？

答：茶包用棉纸制成，只要是使用正规品牌茶包的茶叶，冲泡时所产生的味道不会影响健康。

11问：浓香乌龙茶与清香乌龙茶如何区别？

答：浓香茶是指焙火重的乌龙茶，颜色暗红，醇厚温和，有焦香；清香乌龙茶是只经过干燥，不经焙火的茶，颜色翠绿，更具有茶的天然香气。

12问：所谓陈年老茶有什么功效？

答：所谓陈年老茶，就是将茶长时间陈放，使其自然变化而形成一种风味的茶，陈放时间短至一年，长至几十上百年。通常陈放一两年后，茶性就会变的温和。陈放方法是将当季新鲜且品质较好的茶叶，储放在容器中，放在阴凉的地方，容器可以是不锈钢罐，可以是陶瓷罐，至于大小，可以是半斤装，十斤装，但超过十斤以上，则操作不便，茶叶变化也比较不均匀，如果是紧压茶，直接放在架子上即可，陈年茶的品质好坏，和空气的温度关系很大。另外，容器密封程度对茶叶变化的快慢也有影响。在品尝清香的新鲜类，不妨追求另一种风味之美——陈香的陈年茶。

13问：哪些茶可以存放为陈年老茶？

答：理论上任何一类茶叶都可以作为陈年茶存放，只是陈放后是否能变得更有品赏价值，更为人喜欢。以陈放作为必有条件茶类是一般香港、台湾省所称谓的“普洱茶”，另外新鲜可口，陈放后另具有不同品饮价值的乌龙茶，如冻顶、铁观音之类即是。而一般喝绿茶，茶最多陈放一年以降低其生冷的茶性。

14问：什么是毛尖茶？

答：毛尖是一种通称，一般以嫩芽制作的茶，毫多，芽头细小，成品茶细嫩，俗称毛尖。

15问：铁观音和武夷岩茶有什么不同？

答：① 产区不同，铁观音为闽南乌龙茶，武夷岩茶属闽北乌龙茶。② 茶树品种不同。③ 外形不同，铁观音绿色弯曲呈半圆颗粒，武夷岩乌褐茶条索较紧直。④ 加工方法武夷茶发酵程度较重、焙火重，铁观音发酵稍轻，除炭焙铁观音外干燥时温度较低。⑤ 韵味不同，铁观音有观音韵，武夷茶具有特殊的岩韵。

16问：茉莉花茶中有茉莉花的是不是质量更好？

答：茉莉花茶具有绿茶的特征，又有茉莉花香，茉莉花茶品质的好坏不在于过一段时间后会吸收水气发酵，反而影响茶叶品质。

17问：碧螺春的价格由500克几十元到几百元、上千元不等，品质好坏如何区分？

答：碧螺春与其他名茶一样，产地是影响价格的重要原因，原产产区价格相对较贵。其次看外形上主要看叶片是否细嫩，呈螺状，色泽碧绿，白毫多少，内质上看茶汤有否清香味（花果香），回甘强，不带涩味。

18问：龙井价格由500克几十元到几百元，甚至几千元不等，品质如何区别？

答：龙井茶价格与其产地关系较大，传统原产区龙井产区的茶价值较贵。其次，好的龙井用嫩芽，是由手工炒制，价格较贵。机械制的龙井生产量大，价格相对便宜。另外价格还受采制技术等影响，需看外形与内质，叶子是否扁平、工整、细嫩、梗末碎片少，茶色是否呈糙米色且均匀。内质上，好的龙井不带杂味，润滑，口感好，不苦涩。

19问：银针与白毫银针是一种茶吗？

答：银针与白毫银针分属不同茶类，银针属绿茶，银针又名炒针，经杀青、烘干而成。白毫银针属白茶，白毫银针是自然晾干制成。

20问：为何早春绿茶价格特别贵？

答：一般茶叶只采到九月底，到第二年春茶再开采，因茶园得到“休养”春茶一般内含物质丰富，茶芽十分肥壮，加之绿茶贵早，且数量有限，所以价格高。

21问：为何绿茶放久了会变得发黄？

答：绿茶杀青后阻断了内含物质的氧化，叶绿素含量高，颜色鲜绿。存放中如未避光封装，则易氧化变黄。因此，存放时必须避光、真空包装，以使绿茶不易氧化。

22问：花茶能保存时间有多长？

答：花茶在避光、密封状况下一般可以保存一年，一年后，花香逐渐减退，陈味逐渐明显。因此花茶应尽早喝完才能尽享花香味及茶香。

23问：为何白毫银针茶汤颜色很淡？

答：白毫银针采摘细嫩茶芽，经日晒后制作而成，因未经杀青、揉捻、烘焙等加工处理，茶汁没有渗出，故泡出的茶汤颜色较淡，但因含浓重毫香味，饮用后回甘强，故人爱饮之。白毫银针可存放，陈化后茶汤色会变深。

24问：茉莉银勾与茉莉银针有何不同？

答：茉莉银勾在采夏秋茶为原料，下花量少；银针茉莉采春茶为原料，芽壮、下花量也多些，故在香气及品质上有很大的差别。

25问：大红袍为什么贵？

答：大红袍价格很高，主要是因为它产自武夷山的名岩上，生长于独一无二的特殊环境。且产区面积和产量有限。另外，因生长在岩石缝中，大红袍鲜叶原料的化学成分在组成比例上与其他茶种有较大的区别。加上独特的加工工艺，使其具有独特的品质风格，故价格较高。

Item 项目 10

泡茶与茶艺

茶艺服务

模块一
泡茶用水

一杯好茶，水是关键。水有泉水，河水，井水，雨水之分，都是天然水，另有经人工处理的自来水，蒸馏水等。凡是洁净的水，只要能供人饮用，都可以烧开泡茶。茶叶的种类等级不同，泡水多少及水的温度不同，茶叶冲泡后浸出的成分及茶的风味就有很大差别。一杯理想的茶，既要让茶叶中可溶于水的成分充分浸出，又要使各种成分适当协调，这就需要掌握好泡茶用水，水温及用水量的多少，这样，冲出的茶汤才能味浓甘鲜，汤色清明。

〔案例〕

俗话说“水是茶之母”，足显泡茶时水的重要性。《茶经》里说：“山水为上，江水为中，井水其下。”那个时候还没有自来水，陆羽自然没有加以论述。《茶经》又说：“山顶泉轻清，山下泉重浊，石中泉清甘，沙中泉清冽，土中泉浑厚，流动者良，负阴者胜，山削泉寡，山秀泉神，溪水无味。”这已经很细致了，但还有更甚者——天泉、天水、秋雨、梅雨、露水、敲冰……十分讲究。不过这些讲究现在很难做到，像《红楼梦》中的妙玉用鬼脸青藏着梅花萼上的雪水用以煮茶，艺术作品中的文人雅趣，只能令今人遐想。泡茶宜用山泉水、井水等优质天然水，更方能充分泡出茶的滋味。

◆ 水的温度

煮得过于滚烫的水，古人称之为“水老”，过烫的水容易使茶失去有益物质，如果水温过低，俗称“兀透水”，又容易使茶叶浮于水面，茶的水溶内含物质浸不出来，茶味淡薄。一般来说，发酵程度较高的茶叶，如普洱茶、岩茶、凤凰单枞、铁观音等，宜用95℃度的沸水冲泡。而对于不发酵的绿茶，尤其是原料比较细嫩的名优绿茶，宜水温偏低，60~80℃即可，但一定要用烧开的沸水凉置，而不可以在沸水中添加凉水来降低温度。至于普通的大宗红茶、花茶等，可以用

90℃左右的开水冲泡。

◆ 水质

泡茶用水的质量直接影响泡茶后茶汤的质量。泡茶用水的质量评定包括杂质、杂气、总固体溶量与生菌数等。

杂质是肉眼可见的异物，一般我们所说的混浊就是指杂质太多；杂气是溶于水中的有味气体，我们说水有消毒剂味，就是指自来水以氯气消毒后残留的气味，如果还有其他的气味，则统称为杂气；总固体溶量是溶于水中的矿物质总量，大家常说的水质软与硬，就是水中总固体溶量高低的不同，含量高的，就会有点硬，生菌数是水中细菌的总数，总数多的水不卫生。

〔案例〕

王安石与苏轼关于水的故事很有趣，引人深思。北宋文学家苏轼被贬黄州团练副使时，他请唐宋八大家之一、北宋政治家王安石到府上饮酒话别。临别时，王安石说多年来的“痰火之症”须用瞿塘水泡阳羡茶才能治愈。今茶已有，独缺瞿塘峡之水。苏轼答应帮忙取水。苏轼从四川返回时途径瞿塘峡，被三峡秀丽风光迷住了，早把王安石取水之托抛之脑后。过了瞿塘峡（中峡）苏轼方想起取水之事。苏轼心想，上中下三峡相通，本为一江之水，有什么区别？再说，谁能分辨得出？于是汲满一瓮下峡水，送到王安石家。王安石大喜，当场煎水瀹茶（煮茶）观茶色，王安石眉头一皱，便问水取何处。苏轼搪塞说是从瞿塘峡取来的。王安石道：这明明是下峡之水，岂能冒充中峡之水！苏轼大惊，急忙谢罪，并请教王安石如何看出破绽的。王安石说：上峡之水性急，下峡则缓，唯有中峡之水缓急相当，上峡之水煎茶味太浓，下峡之水太淡，惟中峡之水适中，恰到好处。如今见茶色半晌才出，便知是下峡之水。

◆ 标准泡茶用水

不论是平常的饮用或是用来泡茶，都要使用干净水，这样的水，我们就概括称之为“标准泡茶用水”。一是不能有杂质，二是去除杂气，简便的办法是以

"活性炭"吸附。也可以通过煮一煮的方法来去除，但效果不如使用活性炭好。

天然矿泉水适宜泡茶。茶界的人特别钟爱矿泉水，能有好的矿泉水当然是种福气。但是矿泉水有好有坏。适合泡茶的矿泉水应无杂质、无杂气，还要够软、无菌，无有害于身体的元素（有些元素不容易被检验出来）。有些泉水特别强调有益身体健康的特殊微量元素，当然很好，但是不是适于泡茶，只适宜当饮用水。

◆ **泡茶水的软硬度**

标准泡茶用水的总固体溶解量要低一点的好，低一点的就是俗称的"软水"，泡茶的水要求软一些。有人说那为什么不干脆使用纯水？一方面纯水不容易获得，成本高；另一方面纯水口感并不好，而且溶解茶成分的能力反而不如软水。也有人质疑，水中的矿物质不正是人体所需的吗，多一些有何不好？硬度太高的水，泡出来的茶汤会偏暗，而且茶香不显。不只在泡茶，其他如酿酒、制作香水、泡咖啡等也是需要用软一点的水。市面上销售的饮用水或矿泉水适不适合泡茶呢？那要看硬度，软水就宜茶。

水的软硬可以从口腔中感觉出来。软水在嘴里的感觉是水与口腔黏膜亲密的结合在一起；硬水则不同，口腔壁是口腔壁，水是水。另外，可以将水煮开，壶里有水垢的水较硬，没有水垢则较软。

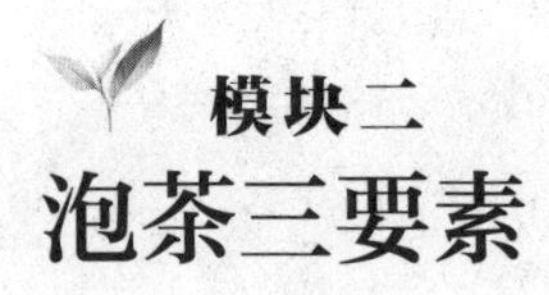

模块二
泡茶三要素

泡茶是门学问，技术含量非常高。要泡好茶，既要把握好茶叶用量，也要精确掌握好泡茶水温，才能让小小一片茶叶，展现出大乾坤。

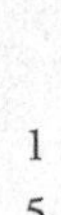

在选择好泡茶用水与泡茶器具之后，还得看待冲泡次数，一次性冲泡与多次冲泡置茶量与冲泡时间都会有所不同。记住泡茶三要素——茶叶用量、泡茶水温与浸泡时间。

◆ 茶叶用量

泡好一杯茶，要掌握茶叶用量。每次茶叶用多少，主要根据茶叶种类、茶具大小以及饮用习惯而定。茶叶用量就是每杯或每壶中放适当分量的茶叶；泡茶水温就是用适当温度的开水冲泡茶叶；冲泡时间包含两层意思，一是将茶叶泡到适当的浓度后倒出开始饮用，二是指有些茶叶要冲泡数次，每次需要泡多长时间。

要泡好一杯茶，首先要掌握茶叶用量。每次茶叶用多少，并没有统一标准，主要根据茶叶种类、茶具大小以及消费者的饮用习惯（浓淡）而定。茶叶种类繁多，茶类不同，用量各异。如冲泡一般红茶、绿茶，茶与水的比例，大致比例为1∶50，即每杯放3克左右的干茶，加入沸水150毫升。用茶量最多的是乌龙茶，茶与水的比例为1∶22。

用茶量与消费者的饮用习惯也有密切关系。在西藏、新疆、青海和内蒙古等少数民族地区，人们以肉食为主，当地又缺少蔬菜，因此普遍喜饮浓茶，并在茶中加糖、加乳或加盐，故每次茶叶用量较多。华北和东北地区的人们喜饮花茶，通常用较大的茶壶泡茶，茶叶用量较少。长江中下游地区的消费者主要饮用绿茶，一般用较小的瓷杯或玻璃杯，每次用茶量也不多。福建、广东等省，人们喜饮功夫茶。茶具虽小，但用茶量较多。

茶叶用量还与消费者的年龄结构与饮茶历史有关。中、老年人往往饮茶年限长，喜喝较浓的茶，故用茶量较多；年轻人普遍喜爱较淡的茶，故用茶量小。

总之，泡茶用量的多少，关键是掌握茶与水的比例，茶多水少，则味浓；茶少水多，则味淡。

〔案例〕

水的用量：餐厅在泡茶器皿上比较单一，通常是盖碗或是瓷壶。在用盖碗沏泡茶叶时，水倒七分满，切不可把水斟得满满的，要知道“茶满欺客”，这样做虽然减少了续水的次数，却十分不礼貌，在餐厅的茶水服务中是很不规范的。用瓷壶不可以注入很满的水，如果水倒得太满，用壶斟茶时就会溢出来，不雅观，也很不礼貌。

〔案例〕

茶与水比例。“各种泡茶情况”指使用场合的不同与饮用目的不同两种情形。先说不同的场合情形：

① 几位朋友来家做客，在家里正式泡一壶茶招待，这是第一种场合；

② 这几位朋友坐一下就要走，每人用盖碗奉一杯茶，这是第二种场合；

③ 若餐饮企业单位举办婚庆、年会活动等百人大会，备个大壶茶请大家饮用，这是第三种场合；

④ 单位里供应同仁整天的茶水，泡壶浓缩茶或常见袋泡茶等让大家对着开水喝，这是第四种场合；

⑤ 家人出去郊游，准备一瓶茶水路上解渴，这是第五种场合；

⑥ 办公桌或书房里，一边读书一边喝茶，这是第六种场合，等等。

◆ **泡茶水温**

一般说来，泡茶水温与茶叶中有效物质在水中的溶解度呈正相关，水温愈高溶解度愈大，茶汤就愈浓。一般60℃温水的浸出量只相当于100℃沸水浸出量的45%~65%。泡茶水温的掌握，主要依泡饮什么茶而定。高级绿茶，特别是各种芽叶细嫩的名茶，一般以80℃左右水温为宜。茶叶愈嫩、愈绿，冲泡水温宜低，这样泡出的茶汤嫩绿明亮，滋味鲜爽，茶叶维生素C也较少被破坏。而在高温下，茶汤容易变黄，滋味较苦（茶中咖啡因容易浸出），维生素C大量被破坏，正如常说的，水温高，把茶叶“烫熟”了。

泡饮乌龙茶、普洱茶、沱茶及其他较粗老茶叶，则要用95℃以上的沸水冲泡，如水温低，则渗透性差，茶中有效成分浸出较少，茶味淡薄。

◆ **浸泡时间**

根据不同茶类而定，以第一泡茶为依据，绿茶、黄茶、白茶、红茶一般是3分钟左右，乌龙茶是15秒钟左右，第二第三泡茶以后逐步加长时间，亦可根据自己口感轻重来调整。

模块三
现代茶艺表演

现代茶艺表演是茶与艺术的结合，应同时体现两种不同的属性，既要用科学的方法泡好一壶茶，又要在茶的泡饮的过程中追求艺术的审美效果。这就要求在完成茶艺表演的过程中，用艺术表演的某种方式和手段，使茶在泡饮过程中，实现某种美的境界和含义。其表达方法是：既要通过以茶为灵魂的静态艺术物象要素营造美的氛围，又要通过直接为实现茶的最佳质态为目标的艺术肢体语言加以

传递。语言表达（讲解）只在必要的时候（普及的需要或作特别的介绍）才以一种附加的艺术手段出现。

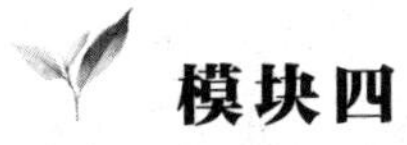

模块四
行茶法及沏泡训练评价

〔案例〕

1. 绿茶的沏泡训练评价表（例如：山峡云雾）

姓名：　　　　　　　　　　　　　　　　　分数：

项目	具体评分标准		应得分	实得分
准备茶具	1、茶具整齐干净，沏泡用具齐全		3	
	2、茶桌上各种物品按规定摆放整齐		3	
	3、适量的纯净水注入随手泡		3	
程序内容（山峡云雾茶的沏泡）		评分标准	应得分	实得分
表演前向客人问好	1、声音清脆、口齿清楚、向客人点头问好		3	
	2、打开煮水器		3	
介绍茶具	1、茶艺用具		3	
	2、玻璃杯		3	
	3、茶船		3	
	4、茶仓		3	
	5、茶巾		3	
	6、茶荷		3	
	7、随手泡		3	

操作步骤及解释	1、温杯	左手持随手泡，冲水至玻璃杯1/3处	5	
		右手拿杯将温杯的水倒入茶船中	5	
		介绍玻璃杯泡法	5	
	2、置茶	用茶则盛茶叶拨置茶荷中	5	
	3、赏茶	双手拿起茶荷请客人观赏，介绍茶叶	5	
	4、茶叶拨置杯中	茶叶量均匀	5	
	5、冲水	七分满	6	
	6、介绍茶叶	介绍茶叶产地	10	
		介绍茶叶特点	10	
	7、奉茶	双手奉上	4	
	8、结束	点头向客人示意	4	
操作时间	分　　秒	超时扣分		
老师签字				

2. 黄茶、白茶、红茶、花茶的沏泡训练评价表

除了使用茶具不同外，其他评价标准与绿茶一致。用你掌握的茶类的冲泡技巧冲泡茶叶，并记录茶具的准备、水温的掌握、冲泡的时间、冲泡方法、香气滋味及自我评价等内容。

3. 乌龙茶的沏泡训练评价表（如：蜜香铁观音）

姓名：　　　　　　　　　　　　　　　　　　　　分数：

项目	具体评分标准	应得分	实得分
仪表仪容	1、服装整洁、平整、无破绽	2	
	2、发型规范、面容整洁、指甲修剪整齐、不留长指甲、不戴饰物、不戴手表	2	
	3、态度从容、不紧张、坐姿端正	2	

准备工作	1、茶具整齐、干净，沏泡用具齐全		2	
	2、茶桌上各种物品齐全、数量合理、摆放整齐		2	
	3、随手泡干净、光亮、工作正常		2	
	4、适量的纯净水注入随手泡		2	
程序内容（铁观音）茶的沏泡		**评分标准**	**应得分**	**实得分**
表演前向客人问好	1、声音清脆、口齿清楚、向客人点头问好		2	
	2、打开煮水器		2	
介绍茶具	茶艺用具（茶则、茶匙、茶夹、茶漏、茶针、茶仓、茶船、茶垫（杯托）、闻香杯、品茗杯、茶海（公道杯）、盖置、紫砂壶、滤网、随手泡（以左手示意）		16	
操作步骤及解释	1、摆茶垫	将茶垫摆放在茶船前面，正面向客人	2	
	2、翻杯	将闻香杯、品茗杯翻转过来	2	
	3、孟臣温暖	温壶	2	
	4、温盅	将紫砂壶中水倒入茶海中	2	
	5、温滤网	冲洗滤网	2	
	6、精品鉴赏	壶口放茶漏、用茶则盛茶赏茶不洒落	2	
	7、佳茗入宫	用茶匙将茶叶拨置壶中	2	
	8、润泽香茗	温润泡	2	
	9、荷塘飘香	放滤网、温润泡茶汤注入茶海	2	
	10、旋律高雅	第一泡茶冲水	2	
	11、沐淋瓯杯	用茶夹温杯、介绍茶叶，闻香杯、品茗杯按照左高右低面对客人（客人方向）	2	
	12、茶熟香温	将茶汤斟倒在茶海中	2	
	13、茶海慈航	将茶海的茶汤七分满斟倒在闻香杯中	2	

操作步骤及解释	14、奉茶	双手奉杯，按照左高右低面对客人	2	
	15、热汤过桥	左手拿闻香杯，旋转倒入品茗杯中	2	
	16、幽谷芬芳	左手拿闻香杯，闻香气	2	
	17、杯里观色	右手拿品茗杯，观茶汤颜色	2	
	18、听味品趣	介绍端杯方法，品尝茶汤滋味	2	
	19、品味再三	品茶	2	
	20、和静清寂	静坐回味	2	
	21、结束	最后向客人点头示意	2	

4. 黑茶的沏泡训练评价表

以冲泡普洱茶为例，我们也可使用紫砂壶茶具，沏泡训练评价表与乌龙茶一致。用你掌握的黑类的冲泡技巧冲泡茶叶，并记录茶具的准备、水温的掌握、冲泡的时间、冲泡方法、香气滋味及自我评价等内容。

模块五

泡茶实务问答

1问：特别细嫩的绿茶需要用沸水冲泡吗？

答：泡细嫩名绿茶，从欣赏角度出发，应保持汤清叶绿，有的以沸水注入杯中，然后再放入茶叶。日本的高级玉露茶，采用晾至50℃左右的沸水冲泡，中级煎茶用60~80℃的沸水冲泡，一般香茶则用100℃左右的沸水冲泡。

2问：有人说泡茶中茶汤里带“咸”为中高档茶，是这样的吗？

答：这是一种误区。高档茶中怎么能有咸味？每一类茶都有相应的高档茶标准，茶汤应呈现如甘、鲜、活、醇等特征。至于茶汤当中会出现咸味，可能是由当地地域特征所形成的。

3问：在朋友那泡过白水观音茶，汤色接近白开水，但滋味也不错。据说这种茶反倒是最高级的，有道理吗？

答：把汤色接近白开水当做高级茶的标准是错误的。高级铁观音的标准是汤色金黄，滋味醇厚、鲜爽回甘，显观音韵。汤色较白的铁观音跟茶树生长环境和加工工艺有一定的关系，但不能以此为高级铁观音的标志。

4问：泡茶的时候，茶汤是否要出尽？

答：一般情况下，茶汤出尽比较好。有一种说法是普洱茶可以留根泡，这是针对高级的普洱茶而言。如果茶叶的档次不够，就不能这样泡。同样，高级绿茶，也是可以留根泡的。但对于乌龙茶，如果茶汤不出尽，很容易把苦涩味浸出来。把茶汤出尽，也可以把乌龙茶的最佳浓度泡出来。

5问：瓷器泡茶与紫砂泡茶相比，哪个更好一些？

答：这两种都是很好的泡茶器具，各有特点。瓷茶具传热不快，保温适中，对茶不会有影响，沏茶能获得较好的色香味。而紫砂壶具有一定的透气性，又有微小的吸水性，茶汤更显醇厚，且茶叶存放在壶里不易馊。

6问：泡完茶后的紫砂壶应怎样清洁？

答：泡完茶后的紫砂壶必须保持壶内干爽，勿积存湿气。更不可以因其珍贵而用后马上将之包裹或密封。最好用完后把壶盖侧放，晾干壶内。切勿用清洁剂或任何化学药剂浸洗紫砂壶，否则易有异味，并使壶失去光泽。

7问：为什么冲泡绿茶一般只冲泡三道？

答：绿茶一般冲泡第一次，茶叶中的可溶性物质能浸出50%~55%；泡第二次，能浸出30%左右；泡第三次，能浸出10%左右；泡第四次以后则茶叶内含物质已所剩无几了。所以，品饮绿茶，通常冲泡三次为宜。

8问：泡普洱生茶时，紫砂壶经常会流水不畅，如何避免这种现象？

答：除了撬茶需要心细外，把茶叶按照粗细分开，先把碎末填在壶底，再盖上粗的茶叶，把中小茶片放在最上面，以免碎末堵塞壶内口，阻碍茶汤顺畅流出。

9问：为什么泡茶时，在第一泡倒茶入杯之前要温杯？

答：所谓温杯，就是利用温盅（茶海，即公道杯）的水分倒入杯，将杯子烫热，避免稳定性不高的杯子破裂。另外，温杯也可测量所泡的这壶茶具体能倒多少杯，若是不够，等倒茶时可以每杯少倒一点。温杯还有两个作用：一可提高杯子温度，免得茶汤冷得太快；二是客人喝茶时，手接触的杯子温度与喝到的茶汤温度接近一些，不会因为误判茶汤的温度而烫到嘴。

10问：因挤压而变碎的茶叶应该怎么泡？投茶量和出汤时间都要减少吗？水温是不是也要降低？

答：冲泡细碎的茶叶时，置茶量要比正常状况下少一些，浸泡时间相对也要缩短。如原应放1/4壶的散茶，细碎后只能放1/5，若仍然放1/4，第一道在缩短时间倒出，可以得出标准浓度的茶汤，但第二道就难了，即使马上冲马上倒，茶汤仍然太浓。减少了置茶量，冲泡到第四、五道后会觉得浓度后续无力。冲泡细碎的茶，溶出速度很快，不要设定泡五、六道，设定为三、四道较为实际。

11问：茶叶冲泡的次数可以表明它的品质吗？

答：这个问题必须加一个条件，就是在同一茶水比例下、同一浓度要求下，两种以上茶叶的比较。如果是这样，冲泡次数多则表示它的可溶物含量多，倘若茶的香味也受到大家的喜爱，那就能确定它的品质较佳了。

12问：冲泡绿茶一般有上、中、下三种投法，那什么时候该适用上投、中投或下投呢？

答：泡绿茶时在壶或杯中放置茶叶有三种方式：先放茶叶，后冲入沸水，称为“下投法”；沸水冲入一定容量后再放入茶叶，然后再冲水，称“中投法”；在杯中先冲好沸水再放茶叶，称为“上投法”。一般认为，芽叶细嫩的茶叶使用“上投

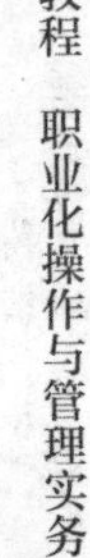

法”，对条形松展，不易沉入茶汤中的茶叶，宜用“中投法”或“下投法”。

13问：听说井水泡茶很好，但也有人说井水不能泡茶，到底井水适合泡茶吗?

答：井水属于地下水，是否适宜泡茶，不可一概而论。有些井水，水质甘美，是泡茶的好水。深层地下井有耐水层的保护，污染少，水质洁净，适宜泡茶；而浅层地下水易被污染，水质较差，不宜泡茶。另外，人类活动少的地方，井水受污染就少，水质相对要好。

14问：是不是所有的绿茶都不宜用沸水冲泡?

答：一般来说，宜用80℃左右的水冲泡绿茶嫩芽。然而因为茶品的不同，泡茶并不拘限于某个温度。如有些品质特别优异的野生绿茶，因内含物丰富且叶片极具韧性，以沸水冲泡，更能体会内在的滋味与山韵。

15问：冲泡茶叶的时候，向盖碗中冲水有什么讲究吗?

答：冲泡茶叶一般采用环绕倒注水的方式，而且依照向内转的方向，也就是若以左手持壶冲水，则以“顺时针”方向绕倒，因为向内转的姿态相对看起来要亲和一些。

16问：泡茶时的茶和水之比例应如何把握?

答：不同的茶水比，沏出的茶汤香气高低、滋味浓淡各异。一般认为，冲泡绿茶、红茶、花茶的茶水比例可采用1：50；品饮铁观音、武夷岩茶等乌龙茶类，因对茶汤的香味、浓度要求高，茶水比例可以适当放大，以1：20左右为宜。

17问：为什么用盖碗冲泡铁观音时，冲泡后经常要揭开盖子?

答：对轻发酵、清香型的铁观音来说，在茶汤沥出后，揭开碗盖，令叶底冷却，易于保持其固有的香气与汤色。

18问：用紫砂壶泡茶，如何用更好的办法来闻香?

答：紫砂壶因其具有透气性和吸水量大的特征，故茶泡好后，持壶盖即可闻其香气，也可以使用瓷或玻璃的公道杯来闻香。另外，还可以用闻香杯和品茗杯，闻香杯中残余茶香不易被吸收，可以用手捂之，其杯底香味在手的温度的作用下很快散发出来，达到闻香的目的。

19问：听说有人泡“虫屎茶”，什么是虫屎茶?

答：“虫屎茶”又名“龙珠茶”，是广西桂林的特产。当地老百姓把野藤、茶叶和换香树等枝叶堆放在一起，从而引来很多小黑虫，当这些小黑虫吃完枝叶后，留下来的是比黑芝麻还小的粒状虫屎和部分残余茎梗。把虫屎放在锅上炒干，再按照“蜂蜜：茶叶：虫屎=1：1：5”的比例混合后复炒，就制成了虫屎茶。

20问：泡茶时会看到茶艺师要请客人“赏茶”，有何用意？

答：赏茶是品饮者在饮茶前欣赏茶叶的外观，体会茶特有的风格与品质，泡茶者还可从茶叶的外观了解该茶香型的种类、滋味的特质，从色泽的明度了解生熟的感觉，从外观紧结程度了解茶叶的老嫩程度等。

21问：针对不同焙火程度的岩茶，需要采取什么样的水温来冲泡？

答：岩茶的冲泡都是用滚开的沸水冲泡，不同火功的岩茶都可以直接用沸水冲泡。

22问：茶叶浸泡到最后，会出现一种清甜，是不是说明它更加天然？

答：相对而言是这样的。相同的茶树品种，茶叶泡到最后还能出现一种清甜，说明它的生长环境生态、栽培管理和加工制作更自然、更规范。

23问：茶梗在冲泡当中，会表现出什么样的品质特征？是不是带梗的茶一定要在高温冲泡才能体现香气？

答：在冲泡中，不同茶类的茶梗表现不同。绿茶嫩梗带鲜甜，乌龙茶梗一般是淡涩。带茶梗的茶如高温冲泡会更影响香气的清纯。

24问：芽茶类的茶叶，是不是都需要中低温冲泡？纤维度不同的茶，是否应用不同的温度来冲饮？

答：芽茶类的茶叶比如名优特绿茶，确实需要低温冲泡，因芽茶含氨基酸较高，且芽茶叶绿素保留较多，如高温冲泡，及失去鲜味，且叶绿素脱镁而失去绿色，产生焖味。纤维度不同的茶，应用不同的水温冲饮，纤维度越高，水温也相应提高。

25问：“工夫茶”泡法中，盖杯的香气为什么和茶叶的香气差别很大？

答：“工夫茶”盖碗杯泡法，杯盖的香气比湿茶还香，是因为茶叶中的芳香物质因高温而随水汽上升，遇到杯盖降温而附着在杯盖内面，随着水汽蒸发，杯盖内面香气浓度增加，嗅起来会更香。

26问：怎么冲泡普洱茶会更好喝？

答：普洱茶有生、熟之分，还有新茶、陈茶及日晒或烘焙、干仓、湿仓的差别，这样即使是外表看起来比较接近的茶，冲泡之后口感也会大不相同。较嫩的茶多透少焖，粗老茶则多焖少透，粗老茶也可煮饮。即使是同样的七子饼茶，不同年份出产的，滋味也会有很大差别。因此，应据茶的具体情况来调整。如果要

把茶泡到最好，还需要对茶性有深入的了解，用平和的心态，通过多实践、多用心、多品饮来达到目的。

27问：日本煎茶怎么冲泡？

答：日本煎茶比较有名的是宇治和静冈煎茶。煎茶是蒸青绿茶，与我们炒青绿茶制作工艺不同。蒸青茶，更青绿，保持了茶叶的基本特征。冲泡时可以选择70℃的水温，先注水1/3作温润，然后注水至七分满，约1分钟后即可饮用。

28问：冷水也可以慢慢把茶味泡出，为什么不提倡用冷水泡茶？

答：饮茶着重在嗅其香、看其色、品其味，而香味是在热水冲泡过程中随蒸汽而出的芳香物质，其色、味是由浸出物的多少决定的，茶叶中一些内含成分是属于热溶性的，因此只有在热水冲泡时才能品味茶叶的色香味。

29问：泡茶时间与茶中物质的溶出有什么关系？

答：据测定，用沸水泡茶时，首先浸泡出来的是维生素、氨基酸等，大约3分钟后，含量较高。此后，随着时间的延续，茶中咖啡因、茶多酚浸出物含量逐渐增加。泡茶时间太短，茶叶的鲜爽味不足；泡茶时间长，茶汤会有焖浊的滋味。

30问：用银壶烧水泡茶会有什么不同？

答：古人说银壶煮水水更纯。因为纯银的壶能鉴别水的质量。水好，银壶不变色，且银壶传热快，有利于热传递，缩短煮水的时间，水活有利于扬香醇味。

Item 项目 11

品茶与评茶

茶艺服务

模块一
科学品饮

◆ 科学品饮，健康生活

茶宜乐品，更应该科学饮用。尽管有了“茶样生活”的健康生活呼声，但说起来容易，身体力行却难。一天之计在于晨，早起一杯红茶，提神暖胃清神气；上午一杯绿茶，解乏脱困促工作；饭后一杯香乌龙，健齿除垢助消化，晚间一壶茉莉花茶，静气舒心清烦躁，伴花香、茶香进入梦乡。

◆ 生活和谐，改良习惯

也许是受父母喝茶习惯影响，或者是紧张的工作使然，如今很多人饮茶观念与习惯不太准确，比如：只喝茶，不品茶；乌龙茶不温润泡；壶内剩余茶不倒掉清洗；茶垢不洗；一杯茶浸泡一天；空腹喝茶；饭后马上喝茶；咀嚼茶叶根等。有些人对茶的知识不明晰，比如以为喝茶就会造成贫血，喝茶扰乱睡眠，浓茶解酒等，以致茶艺文化知识以偏概全。

◆ 男女有别，茶有不同

性别与茶没有绝对关联，但往往各取所需。如今各式养颜茶、工艺花茶甚有女人缘。一般来说，男士适合喝绿茶、乌龙茶及普洱生茶，有利于清肠、排毒、通络、强身健体。而年轻的女孩适合品饮绿茶，以防止辐射侵害，尤其电脑一族，喝绿茶增强免疫力功不可没。但体寒的女性不宜多饮。稍大年纪女性喝红茶以利活血、安宫、暖胃。

◆ 特殊人群，特别选茶

肥胖者急需减肥、消除脂肪，故乌龙茶、黑茶类是首选。半发酵茶叶有促进消化和降解脂肪的功用。近年有研究称黑茶含有普诺尔成分，有利于抑制腹部脂肪堆积，抑制肥胖。

有些职业从业者工作中常接触X射线的，体内白细胞数量可能会少，还会影

响免疫力，因而需常饮绿茶，有资料表明饮白茶也有裨益。

糖尿病朝年轻化趋势发展，彻底根治还是难题。而茶叶中的茶多糖（即一种酸性糖蛋白）对糖尿病患者有较大好处。只是这种成分在冷开水中浸泡比在热开水中浸泡更不容易受到损害。研究表明，较为粗老的绿茶和白茶、黑茶中的茶多糖含量较多，更适合糖尿病患者饮用。

模块二 评茶职业术语

评定茶叶品质的方法，有感官审评和理化检验两种。感官审评是以人们的器官感觉来评定茶叶品质的；而理化检验是利用仪器测定和化学分析方法，以数据反映茶叶品质的优次。目前在茶叶产制、收购工作中，评定茶叶等级、价格等主要是用感官审评法，设备简单，操作方便，敏捷快速；对毛茶加工后的精制茶，在出厂和出口贸易中，除感官审评外应结合理化检验，保证产品质量。

茶叶品质是茶叶的物理性状和主要化学成分的综合表现，是茶叶色香味的总称，包括茶叶形状、色泽、香气、汤色、滋味、叶底等因素。

茶叶审评，不仅是用于指导茶叶生产和评定等级，决定价格，而且直接影响到市场贸易和商家信誉，对促进茶叶的产销都起着重要作用。

为了评鉴茶的品质差异所采取的泡茶方法称为“评鉴泡茶法”。相对应的，为了欣赏、享用茶，所采取的泡茶方法称为“品饮泡茶法”。

评鉴泡茶法是以相同的水温、相同的茶水比例、相同的浸泡时间泡出茶汤，用以比较数种茶间品质与茶性上的差别。而品饮泡茶法则是就每一种茶，采取最适合它的水温、茶水比例与浸泡时间，得到最能代表该种茶的品质与茶性的茶汤。

感官审评中，外形评定分为条索、色泽、整碎、净度；湿评内质分为香气、汤色、滋味、叶底。这就是专业的评茶“八项因子”。

- **茶叶外形（条索、净度、整碎）常用术语：**

细嫩：芽叶细小，显毫（茸毛）柔嫩。多见于春茶期的小叶种高档茶。

显毫：芽尖含量高，并有较多白毫。

匀齐：长短、大小一致，无脱档现象，老嫩整齐。

细紧：条索细长、卷紧而完整。

紧秀：条细而紧、秀长，锋苗显露。

紧结：嫩度低于细紧，结实有锋苗，身骨重。

紧实：紧结重实，嫩度稍差，少锋苗，制工好。

壮实：芽壮、茎粗、条索肥壮而厚实。

粗松：嫩度差、条索卷紧度差而空松。

重实：以手权衡有沉重感，一般是叶厚质的茶叶。

短碎：面张条短，碎末茶多，无整齐匀称之感。

黄头：嫩度差，色泽露黄的圆头茶。

光滑：形状平整，质地重实，光滑发光。

扁平：茶叶外形扁平直平坦，光洁平滑。

露梗：茶叶中显露茶梗。多见于采摘粗放，外形不净、老嫩混杂的绿茶。

- **茶叶色泽常用术语：**

墨绿：深绿泛黑而匀称光润。

绿润：翠绿而鲜活，富有光泽。

灰绿：绿中带灰。

铁锈色：深红而暗无光泽。

砂绿：如蛙皮绿而油润，优质青茶类的色泽。

青褐：色泽青褐带灰光。

乌润：色泽鲜明，光滑油润。

枯暗：叶质老，色泽枯燥且暗无光泽。

花杂：指叶色不一，老嫩不一，色泽杂乱。

- **茶汤香气常用术语：**

清香：香气清纯不杂。

浓香：香气饱满，无鲜爽。

幽香：香气文秀，类似淡雅花香。

纯正：香气正常纯净，但不高扬。

甜香（蜜糖香）：带类似蜂蜜，糖浆，或龙眼干之香气。

火香：茶叶经适度烘焙，而产生的焙火香。

高火：干燥或烘焙温度过高，尚未烧焦而带焦糖香。

火（焦）味：炒菁干燥或烘焙控制不当，使茶叶烧焦，带火味。

青味：似青草或青叶之气味。炒（蒸）菁不足，或发酵不足，均带青味。

焖（熟）味：似青菜焖煮之气味，俗称（猪菜味）。

浊气：茶叶夹有其他气味，沉浊不清之感。

异味：非茶叶应有之气味。如烟味，霉味，油味等不良气味。

- **茶汤滋味常用术语：**

浓烈：滋味强劲，刺激性及收敛性强。

鲜浓：口味浓厚而鲜爽，含香，有活力。

鲜爽：鲜活爽口。

甜爽：具有甜的感觉而爽口。

甘滑：带甘味而滑润。

醇厚：滋味甘醇浓稠。

醇和：滋味甘醇欠浓稠。

淡薄：滋味正常，但清淡，浓稠感不足。

粗淡：滋味淡薄，粗糙不滑。

粗涩：涩味强，而粗糙不滑。

苦涩：滋味虽浓，但苦味，涩味强劲。茶汤入口，味觉有麻木感。

模块三
审评与检验

- **茶汤汤色常用术语：**

明亮：汤色清澈。

黄汤：杀青中焖炒时间过长，杀青未摊凉。

浑浊：不明亮，烘炒时间过长。

红浓：红艳、色浓，多指红茶及熟普洱。

暗沉：这是发酵过度，烘干不及时造成。

浅淡：不红艳，这往往是小叶种原料，揉切、发酵不足所致。

金黄：金黄明亮、呈鲜。

- **叶底常用术语：**

光润：有润度，有光泽。

明亮：鲜亮、鲜活。

柔嫩：叶底柔软、细嫩。

红浓，叶底铜红色、明亮。一般指红茶叶底色泽红亮。

粗老：嫩度差。

- **审评室的选择与布置**

茶叶审评室一般宜选择背南面北，东西向没有门窗的，北面的光线比较均匀，变化也较小。一般应在北面窗外设一排黑色斜斗形的遮光板，向外突出倾斜30度。审评室内外不能有红、黄、兰、紫、绿等杂色反光和遮断光线的障碍物等。室内墙壁与天花板粉刷白色，以增强室内光线的明亮度；同时要求四周无异味和噪音干扰，忌与食堂、化验室、卫生间等相邻。室内干燥、清洁，空气新鲜，室温18~22℃，相对湿度52%~60%。审评室内主要布置有干评台与湿评台。

◆ 审评的主要用具

茶样盘。

茶样盘。

审评杯、碗。

审评杯、碗均为瓷质纯白色

叶底盘。

叶底盘

其他审评用具。

茶秤、定时钟或砂时计、匙网、茶匙、汤杯、茶盂、茶壶、电炉或炭炉、提桶等。

◆ 内质审评方法

以红茶与绿茶为例。外形审评后，再将样茶盘筛转均匀平伏，然后用拇指、食指、中指三指从上到底插入茶样中（包括上中下三段茶）扦取茶样，按1：50的茶水比，准确称重5克或4克（精茶3克），置于250毫升或200毫升（精茶150毫升）审评杯内，用100℃沸滚开水冲泡，5分钟时将茶杯内茶汤倾倒在审评碗内，若有细小茶渣在茶汤内，即用匙网捞出，并将茶汤搅动几下，使沉淀物集中于碗底中心，便于观察比较。审评内质按顺序先嗅杯内香气（绿茶应先看汤色，因易于变化），看汤色，尝滋味，最后看叶底。

◆ 成品茶法定检验项目

1. 品质

外形最低要求按加工验收统一标准样茶执行检验；内质最低要求：品质正常，不得有劣变和异味。

2. 水分

现行标准规定，工夫红茶、小种红茶、红碎茶以及水仙、色种、铁观音、包种等成品茶的含水量不得不超过8％；珍眉、贡熙、珠茶的含水量不得超过7％；红毛茶，红碎茶中的片茶和绿毛茶、秀眉的含水量不得超过8％；白茶和花茶的含水量不得超过7％。

3. 灰分

工夫红茶、小种红茶、红毛茶、珠茶、水仙、铁观音、色种、白牡丹，贡眉以及花茶的灰分含量不得超过6.5%；红碎茶中的片茶和末茶的灰分含量不得超过7%。

4. 粉末

工夫红茶、小种红茶、切细红茶中的叶茶、白牡丹、贡眉的粉末含量不得超过2.0%；珠茶的粉末含量不得超过1.0%；乌龙茶类不得超过1.5%；花茶不得超过3.0%；红碎茶中的碎茶粉末含量不得超过3.0%；片茶和末茶的粉末不检验。

模块四
评茶实务问答

1问：审评茶叶，在用水上有什么讲究？

答：与品饮不同，如果只是审评茶叶，用水必须满足以下条件：混浊度不超过5毫克，无色透明；原水和煮沸水中无气味，不得有游离氯、氯酚等；总硬度不得超过5度；pH在6.5~7.0；含铁量低于每升0.02毫克。不符合要求的水，可以进行相应的净化和软化处理，然后才能使用。

2问：很多人在品茶时会作吸气状，并且还会发出一点声响，有什么作用吗？

答：评茶师在评茶时会先含半口茶汤，然后微启嘴唇用力吸两口气，发出“嘶嘶”声响，让茶汤瞬间分散到口腔各部分，利用口腔各部位对香味不同的敏感度，体认茶汤的各种品质特性。同时，吸气时可以使香气往上蹿升，冲上上颚，达于鼻腔。这是辨别香气的最佳方式。

3问：有人买茶会把干茶放在嘴里嚼，请问这样可以分出茶叶的好坏吗？

答：这种做法不是很标准。通过咀嚼干茶，只可以了解部分茶叶的品质和浓度等指标。一般来说，对茶叶的苦涩度、甜度、回甘等指标可以掌握到六成左右。

4问：在喝完茶后，口腔里没有回甘，如果茶叶质量没有问题，会不会是身体方面的原因？

答：一般情况下，我们饮茶时口腔中会有先苦后甜的感觉，称之为“回甘”。但也有个别人没有回甘的感觉，这可能是个体差异问题，就像某些人对某种事物过敏一样，未必是身体其他方面的原因，不必担忧。

5问：常听说红茶的“冷后浑”是品质高的象征，请问这是怎么产生的？

答：红茶茶汤冷后产生乳凝状物，被称为“冷后浑”。高级红茶的乳凝状物，呈亮黄酱色，是理想的“冷后浑”。理想的“冷后浑”的黄色是儿茶素氧化脱氢聚合而成的茶黄素存在的反映，这种氧化物与咖啡因络合就在冷茶汤中生成乳凝状物质。

6问：茶叶中甜味的物质主要有哪些？

答：呈甜成分有两类：一类是可溶性糖类，另一类是低分子量的氨基酸。这两类物质在呈现茶叶滋味时有协同和竞争的作用。

7问：有人形容岩茶具有“活、甘、清、香”的特点，这“活”字怎么理解？

答：晚晴名人梁章钜曾以“活”来形容武夷岩茶最佳滋味标准，认为“活之一字，须从舌本辨之，微乎，微乎！然亦必煮以山中之水，方能悟此消息。”“活”可以理解为润滑、爽口有快感而无滞涩感，喉韵清冽，犹如进入深山之中的感觉。

8问：经常看茶叶叶底的时候，会发现叶底发焦或发红，这是否是茶叶在杀青过程中温度掌握不好导致？

答：是的。具体的情况是这样的，如果炉灶杀青时火温不高或火温不均匀，或先低后高，炒青太久，炒青叶在锅中会迅速红变，使茶叶香气低焖，叶底浸湿型褐红。而锅灶火温太高，翻炒不匀或太慢，茶青易焦灼，使茶带烟焦味，叶底有焦疤点，茶汤混浊，带焦黑。

9问：正炒铁观音和脱酸铁观音在滋味上区别大吗？为什么曾经有一段时间市场上都喜欢脱酸茶？

答：外观方面，铁观音的正炒茶因其发酵程度稍高，香气不高扬，鲜爽度也不高，其干茶与茶汤略显黄一些，汤水温和，刺激性小，品饮时会感觉茶汤本身不够香，但是品饮之后，会有强劲的回甘，普遍的带生津感，简单说，品饮后的感觉好于品饮时的感觉；脱酸茶则香气显，茶绿、汤绿，只是喝了容易让人产生反胃感，而且随着保存时间的延长，这种不适感就更强烈。

10问：凤凰单丛的山韵蜜味要怎么理解？

答：所谓山韵也就是凤凰单丛的茶韵，如武夷岩茶的岩韵或铁观音的观音韵，山韵是很难用语言直接表述的。在凤凰茶区，各座山出产的茶叶，山韵各不相同，也有轻重之分，但它们都很独特。蜜味指的是茶叶内质含有天然的花蜜香味或果蜜香味。

11问：如何通过鉴别茶叶的香气来判断茶叶的好坏？

答：鉴别茶叶香气时，可以干香与湿香结合来鉴审。干香指干茶的香，湿香主要是茶叶冲泡后挥发出来的气味。另外，杯底香也很重要。香气可以用纯异、高低、长短来鉴别。纯异指香气与茶叶应有的香气是否一致，有没有难闻的异味；高低可用浓淡、粗细等来比较；长短也就是香气的持久性，香高持久才是好茶。

12问：茶叶香不香、好不好喝，除了品种、制作工艺外，还有哪些原因会对它造成影响？

答：茶叶品质的色、香、味等，与茶叶生物化学密切相关，除了加工技术外，鲜叶原料的茶树品种、茶园生态、肥培管理、采摘标准、采收季节等不同，成品茶都会产生一定的差异。而后期的储存保管、冲泡方式与器具都会对茶叶品质的发挥产生一定的影响。

13问：武夷岩茶中的“青香”与清香型是一回事吗？

答：很多人所说的“青香”，实际上是发酵过轻的茶叶，因其青味不能完全去除，茶叶品质形成后会有臭青味在，成为“青香”型。而“清香”型岩茶是指焙火程度上较轻而显花香的茶品。岩茶除了清香型外还有熟香，熟香型岩茶是指焙火到一定程度而具有果香的茶品。

14问：茶叶中的“浓稠”与“强烈”似乎不是一个概念，而它们在口腔中都各有特点，这是怎么回事呢？

答：“浓”即“浓度”，主要是茶汤中可溶性物质含量高，如浸泡过久，则儿茶素等多酚类物质过多溶解于茶汤当中，表现为极浓的苦涩感。另外一种口感则是“稠度”，这是茶叶中的果胶成分给人的感觉。有时候泡的浓的茶叶并不一定有稠度，这是由于不同茶种物质成分不同的原因。“强烈”多指儿茶素及其氧化物或某些微量物质达到一定含量后，对人体产生一定的刺激并使人有愉悦“过瘾”的感觉。

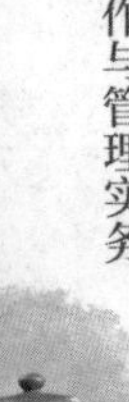

15问：为什么大叶种的茶喝起来较为苦涩，而小叶种的茶较甜一点？

答：相对来说，大叶种茶叶所含多酚类物质较多，小叶种茶叶所含氨基酸和蛋白质较多，由于这些物质成分所呈现的不同滋味，使茶叶呈现不同的风格。

16问：喝一道普洱生茶时，发现叶底有部分红变，这是否是制作工艺上的问题？

答：在制作普洱的过程中，杀青的叶子受热不足，叶温上升缓慢，不能在短时间内使酶蛋白变性凝固，相反还激化了酶的活性，致使无色的茶多酚发生酶促氧化，迅速变成红色的氧化物，这就是杀青叶产生红梗红叶的基本原因。

17问：为了判断茶叶品质，经常要闻茶香，这个“闻”有什么技巧？

答：为了正确判断茶叶香气类型之高低、长短、强弱、清浊及纯杂等，嗅时应重复一两次，但每次嗅时不宜过久，一般是3秒左右，以免嗅觉疲劳而失去灵敏感。嗅觉香的过程是：吸（1秒）—停（0.5秒）—吸（1秒）。好茶有持久的香气，也有余香、冷香。

18问：有很多乌龙茶带有兰花香、桂花香等，这些香气是鲜叶中就有的吗？

答：鲜叶中并没有这些香气。乌龙茶特有的诱人鲜味，主要是在萎凋处理时诱发，而在摇青中加速形成的，如铁观音成品当中就有了橙花叔醇、茉莉内酯和吲哚等香气物质。茶叶香气还与茶树品种、产地因素有关。

19问：审评时所用的评茶杯和评茶碗有什么要求吗？

答：审评杯与审评碗应为白色瓷质，审评杯上有一弧形或锯齿形缺口，杯的容量有150 毫升、200毫升、250毫升三种，乌龙茶用110毫升钟形茶盏；审评碗用来评汤色、滋味。是一种瓷质广口碗，要求色泽和厚薄一致，容量与审茶杯配套。

20问：品茶过程中的喉韵怎么理解？

答：所谓喉韵，即茶汤过喉能徐徐生津，有回味，细加体会，连绵不绝，茶香与茶味在喉部及口腔久驻不去，韵味长在。

21问：红茶的汤色那么红亮，鲜茶却是鲜绿的，这是内部物质转换的结果吗？

答：红茶汤色红艳明亮，这种红色来自鲜叶中的茶多酚。鲜叶中的茶多酚经过氧化过程，30%~40%转化成红色的特征色素，其氧化产物的主要成分是茶黄素、茶红素、茶褐素。这种主要成分比例协调，汤色就明亮。

22问：鲜叶闻起来不怎么香，为什么制成茶后反而香味愈显呢？

答：茶叶经过加工后，香气成分的种类会大量增加，其中绿茶的香气成分种类是鲜叶所含种类的2倍；红茶所含种类是鲜叶的6倍。这些增加的成分，是茶叶内质发生化学变化产生的。

23问：从汤色上不是可以看出茶叶品质的好坏?

答：汤色是反应茶叶品质的一大特征，茶汤的汤色可以从色度、亮度、清浊度三个方面来审评。汤色随茶树品种、鲜叶老嫩、加工方法而变化。相对而言，各茶类都有其一定的色度要求，如绿茶的黄绿明亮、红茶的红艳明亮、乌龙茶的橙黄明亮、白茶的浅黄明亮等。

24问：为什么我们喝到的蒸青绿茶有一股独特的海藻气味，而炒青绿茶就不会有?

答：蒸青绿茶和炒青绿茶的香气差别很大，蒸青绿茶有类似海藻的气味，是因为采用蒸汽杀青，蒸青时间短，使蒸青绿茶内除了含有较多鲜爽型的沉香醇和沉香醇氧化物外，其有青草气味的低沸点芳香物质，如乙烯醇之类的成分和具有青香的吲哚以及具海藻气的二甲硫还占有相当比例。

25问：什么样的茶味才能达到审评茶叶时说到的“滋味纯正”?

答：评茶时，一般要考察滋味是否纯正，不纯正的茶叶，认真品鉴时可以感受到杂乱、粗青、异味；而纯正的茶味更加单一，并且可以用鲜爽、醇和来形容。

26问：用炭火或柴火煮茶有什么讲究吗?

答：日常多用电烧水泡茶，也有传统茶道表演时选用炭火或柴火煮茶。选用煮水的燃料，是烹好茶的必备条件。唐代陆羽认为，煮水燃料最好用木炭，其次用火力强的劲薪（桑或槐等），在厨房沾染过油腻以及腐朽的材料都不可用。煮水时应“猛火急烧”，忌“文火慢沸”，有“沸迟则老熟昏饨，兼有汤气”一说。

27问：有些茶会引起口腔的紧涩，茶叶的涩口是由什么物质引发的?

答：茶叶的涩口主要是由茶叶中含有的生物碱和茶多酚等物质引起的。涩感轻重与茶多酚类物质的氧化程度有关，氧化程度越高，则涩感越轻。生物碱和多酚类物质的含量和其他物质的含量比例协调时，茶叶就不会有涩感；如果所占比例过高，即使泡的茶叶较淡也会有涩感。

28问：焙火轻的茶，是不是更易引起口腔的涩感?

答：是的。相对而言，焙火越重，茶多酚类物质的后氧化程度也越高，生物碱的含量则越低，茶叶的苦涩味也就越轻。

29问：有机茶与普通茶在口感上的重要区别在哪里?

答：有机茶与普通茶在口感上的区别十分细微。相同产地和相同等级的有机茶会比普通茶更醇厚、更甘甜、更耐泡、更耐存放些。

30问：若煎煮武夷岩茶，有什么样的办法可以让它更好喝？

答：煎煮饮茶法一般用于原料较老的茶类。若煎煮武夷岩茶，可以降低茶水比例（控制在1：200以上），不需煮太长时间（水煮开后即可），或用冲泡后的茶叶来煎煮（茶水比例控制在1：100以上）会更好些。但武夷岩茶用煎煮饮茶法不如开水冲泡法的风味佳。

31问：审评普洱茶时，怎么从叶底看普洱茶的好坏？

答：好的生饼叶底，叶面光泽油亮，柔韧度好，枝末等杂质少。如果叶底颜色参差不齐，可能为发酵不均或拼配茶品。从叶底上看，如果出现非普洱茶类的茶叶或者杂质过多，则口感较差，也会影响后续的陈放。

32问：什么样材质的茶杯最适宜鉴赏冷杯的香气？

答：用瓷质与薄胎的杯子最好，如果是高圆式的就更适合鉴品茶香了。

33问：在雨天采摘的茶会形成什么样的滋味？

答：雨天采制的茶叶，茶叶的色香味会明显降低。对于乌龙茶来说，雨天采制的茶叶除了香气明显降低外，滋味会明显淡薄，汤色深暗，水中香气低，常带有不同程度的杂味，如酵味、焖渥味等。清代释超全的《武夷茶歌》中就曾写到"若遭阴雨风南来，色香顿减淡无味"。

34问：茶叶审评中会用到"欠"、"尚"等词，表达的是什么意思？

答：茶叶的品质差异，有时需要在主体词前面加用副词，以表明茶叶质量的差异程度。"较"：用于两茶相比时，表示品质高于标准或低于标准，如较高、较低；"稍、略"：用于某种形态不正、稍有偏差，如稍高、略烟；"欠"：表示规格要求或者等级程度上，还不符合要求，明显低于标准，如欠紧结、欠嫩；"尚"：表示品质略低、稍低或接近标准，如尚浓、尚好；"有"：说明某方面存在，如有茎梗；"显"：形容某方面比较突出，如条索显松、显锋苗；"微"：用于对比，在差异上比较轻微时用，如微黄、微烟。

35问：从滋味上，如何鉴别普洱茶的"干仓"与"湿仓"？

答：相对来说，干仓陈年普洱茶以汤亮、醇和、温润、甘甜、纯正为特点。湿仓普洱茶除汤色变深外，茶汤滋味粗杂不纯，有强烈的漂浮感，缺乏沉着感。而严重霉变的湿仓普洱茶大多气味霉浊，茶汤没有应有的光泽。

36问：茶汤的细滑程度，跟茶中的什么物质有关系？

答：茶汤的细滑程度根茶中所含的氨基酸、茶多酚、咖啡因的比例有关。

Item 项目 12

茶艺服务

茶具选配

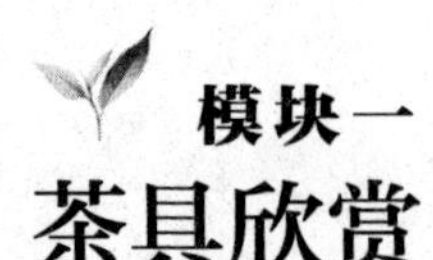

模块一 茶具欣赏

◆ 茶室四宝

茶具，古代亦称茶器或茗器。泛指制茶、饮茶使用的各种工具，包括采茶、制茶、贮茶、饮茶等大类，陆羽《茶经》就是这样概述茶具的。现在茶具指专门与泡茶有关的各种器具，古时叫茶器，直到宋代以后，茶具与茶器才逐渐合一。目前，茶具主要指饮茶器具。《茶经》中详列了与泡茶有关的用具24种，对茶具总的要求是实用性与艺术性并重，力求有益于茶的汤质，又力求古雅美观。

所谓的“茶室四宝”即玉书碨、潮汕风炉、孟臣壶、若琛瓯。“玉书碨”为煮水用壶，约可煮200毫升，壶有小、长型手柄；潮汕风炉为烧水的炭炉；“孟臣壶”乃泡茶用的小紫砂壶；“若琛瓯”即细小的茶杯。“茶室四宝”衍生了现代常用茶具的主体，缺一不可。

〔案例〕

“茶具”一词最早在汉代已出现。据西汉辞赋家王褒《憧约》有“烹茶尽具，酺已盖藏”之说，这是我国最早提到“茶具”的一条史料，到唐代，茶具（茶器）在唐诗里触处可见，诸如唐诗人陆龟蒙《零陵总记》说：“客至不限匝数，竟日执持茶器。”白居易《睡后茶兴忆杨同州诗》“此处置绳床，旁边洗茶器。”唐代文学家皮日休《褚家林亭诗》有“萧疏桂影移茶具”。《宋史·礼志》载：“皇帝御紫哀殿，六参官起居北使……是日赐茶器名果”宋代皇帝将“茶器”作为赐品，可见宋代“茶具”十分名贵，北宋画家文同有“惟携茶具赏幽绝”的诗句。南宋诗人翁卷写有“一轴黄庭看不厌，诗囊茶器每随身。”的名句，元画家王冕《吹箫出峡图诗》有“酒壶茶具船上头。”明初号称“吴中四杰”的画家徐贲一天夜晚邀友人品茗对饮时，他乘兴写道：“茶器晚犹设，歌壶醒不敲。”可见，茶具是茶文化不可分割的重要部分。

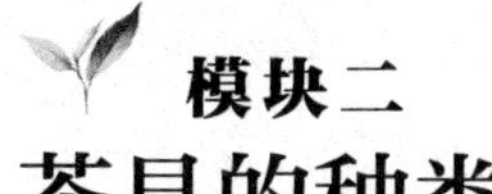

模块二

茶具的种类

工欲善其事，必先利其器。好水、名茶、精美的茶具可构成品茶者认为最佳的品茶境界，以精美的茶具来衬托好水、佳茗的风韵，实为生活艺术的享受。

◆ 主泡器

（一）茶壶

在所有的泡茶器皿中，茶壶应算是最为重要的了。主要品种有紫砂壶、瓷壶、玻璃壶等。

1. 紫砂壶

紫砂壶是中国特有的，集诗词、绘画、雕刻、手工制造于一体的陶土工艺品，比较适合沏泡乌龙茶或普洱茶。

紫砂壶造型简练、大方，色泽淳朴、古雅。用其泡茶，使用的年代越久，壶身色泽就愈加光润古雅，泡出来的茶汤也就越醇郁芳馨，甚至在空壶里注入沸水都会有一股清淡的茶香。

根据科学分析，紫砂壶确实具备保有茶汤原味的功能，它能吸收茶汁，而且具有耐冷耐热的特性。紫砂壶有五大特点：第一，紫砂壶既不夺茶香气又无熟汤气；第二，紫砂壶能吸收茶汁，使用一段时日能增积“茶锈”，所以空壶里注入沸水也有茶香；第三，便于洗涤，日久不用，难免异味，用开水烫泡两三遍再泡茶原味不变；第四，冷热急变适应性强，寒冬腊月，注入沸水，不因温度急变而胀裂；第五，紫砂陶质耐烧，冬天置于文火上烧茶，壶也不易爆裂。

紫砂壶选择应注意以下几点：

① 出水要顺畅，断水要果断。② 容量大小适合自己。③ 重心要稳，端拿要顺手。④ 口盖设计合理，茶叶放进、取出要方便。

新壶在使用之前，需要处理，这个过程就叫开壶。开壶有以下几种方法：① 用白水煮至少1个小时。将壶盖与壶身分开放入凉水锅中，将锅置于炉子上，以文火慢慢加热至沸腾。1小时后关火。这样可以让壶身的气孔随热胀冷缩打开，释放出所含的土味及杂质。② 也可以将壶和茶叶一起下冷水锅煮，使其沸腾，让壶在充满香气的茶汤中静置10分钟或更长时间，将壶捞出，放置一旁，将锅内的茶叶捞出，用此茶叶稍稍用力摩擦壶身及壶盖数分钟。最后用温水将壶洗净即可，此步骤的目的：定味。所以建议最好是今后用这把壶沏泡哪一类型的茶，就用哪一类型的茶来为壶定味。③ 还可以将壶放在蒸锅里蒸半小时后取出晾干，也可去味。

新壶经过开壶程序后，就可以使用了，使用的过程也就是养壶的过程。相对于开壶，养壶的过程更加漫长，需要很好的耐心。一定要在品茶的过程中养壶，而不是在养壶的过程中品茶。养壶如养性。一把养好的壶，应该光泽“内敛”，如同谦谦君子，端庄稳重。养壶的方法五花八门，究其宗旨，基本原则都是一样的，不外乎以下几点：

① 每次使用前后彻底将壶身内外洗净。② 用毕清理晾干。③ 用茶汁滋润壶的表面。④ 适度擦刷。⑤ 切忌与油污接触。⑥ 让壶有休息的时间。⑦ 最好专壶专用，一把壶泡一类茶甚至是一种茶。

持壶的方法：如是单手持壶中指勾进壶把，拇指捏住壶把（中指也可和拇指一起捏住壶把），用无名指顶住壶把底部，食指轻搭在壶钮上，记住不要按住气孔，否则水无法流出。如是大壶，需要双手操作，一般右手将壶提起，左手拇指扶在壶钮上，斟茶时要姿势优美，动作协调。

紫砂壶的价格从几块钱到几十万甚至上百万，购买时一定要考虑到自己的能力、喜好和实际使用。

2. 瓷壶

比较适合沏泡红茶、中档绿茶或花茶。瓷壶中常见的品种有：

景德镇青花瓷。江西省景德镇特产，中国国家地理标志产品。景德镇自五代时期开始生产瓷器，景德镇素有“瓷都”之称，产品以“白如玉，明如镜，薄如纸，声如磬”的独特风格蜚声海内外。

龙泉窑青瓷壶。青瓷是表面施有青色釉的瓷器。以瓷质细腻，线条明快流畅、造型端庄浑朴、色泽纯洁而斑斓著称于世。青瓷色调的形成，主要是胎釉中含有一定量的氧化铁，在还原焰气氛中焙烧所致。但有些青瓷因含铁不纯，还原气氛不充足，色调便呈现黄色或黄褐色。青瓷以瓷质细腻，线条明快流畅、造型端庄浑朴、色泽纯洁而斑斓著称于世。

仿汝窑瓷壶。中国古代著名瓷窑，创烧于北宋晚期，因其窑址在汝州境内（今河南临汝、宝丰一带），故名。汝窑以烧制青瓷闻名，有天青、豆青、粉青诸品。汝窑的青瓷，釉中含有玛瑙，色泽青翠华滋，釉汁肥润莹亮，被历代称颂，有“宋瓷之冠”美誉，又与同期官窑、哥窑、钧窑、定窑合称“宋代五大名窑”。

3. 玻璃壶

因为是透明的，非常适合欣赏茶汤颜色和茶叶泡开时上下飞舞时的“茶舞”，比较适合沏泡花草茶、红茶或是中档绿茶。下面放上酒精炉还可以加热。

（二）茶船、茶盘

虽然在茶具中是配角，但作用却非常大，种类有金属茶盘、竹木茶盘、陶和瓷茶盘等。

金、银、铜、锡等制作的金属茶盘是中国历史上的早期产品。尤其是锡作为茶器材料有较大的优点：防潮、防氧化、防光、防异味。

在广大产茶区农村，很多使用竹或木制成的茶盘，因为材料易得，价廉物美。

陶茶盘中的佼佼者首推宜兴紫砂茶盘，紫砂茶盘和一般的陶器茶盘不同，其里外都不施釉，采用当地的紫泥、红泥烧成。成陶火温高，胎质细腻，还能吸附茶汁，蕴蓄茶味，且不会破裂。

瓷茶盘花色繁多白瓷茶盘、青瓷茶盘和青花茶盘等。

近年来，比较流行石制品茶盘，常见用各种砚石制成的茶盘，如：

易砚茶盘。砚石取自易水河畔一种色彩柔和的紫灰色水成岩，天然点缀有绿色、黄色斑纹，石质细腻，柔坚适中，色泽鲜明。

歙砚茶盘。歙砚因产于安徽歙县而得名。歙砚石温润细腻，纹理清晰。

端砚茶盘。端砚产于广东肇庆（古称端州）。由于端砚石质与水相亲，湿水后尤为晶莹剔透、温润如玉、细腻而润滑。

紫袍玉带石茶盘。紫袍玉带石，产于贵州省江口县及印江县一带的梵净山区。紫袍玉带石以稳沉的紫色为主体，绿条相间，多层紫色和多条玉带构成层次分明的奇特色彩，质地致密细腻，温润如玉。

此外，还有用玉石、水晶、玛瑙等材料制作的茶具茶盘，但非常见的茶盘材质。

〔案例〕

隋唐以来我国瓷器生产进入一个发展阶段。唐宋以来，铜和陶瓷茶具逐渐代替古老的金、银、玉制茶具。《宋稗类钞》云："唐宋间，不贵金玉而贵铜瓷"。这种从金属茶具到陶瓷茶具的变化，也从侧面反映出唐宋以来人们价值观的改变，生活用品实用性的取向有了转折性改变，这是唐宋文化进步的象征。而唐宋陶瓷工艺的发展是唐宋茶具改进与发展的根本原因。

茶盘主要是用于放置各类茶具，如茶杯、茶壶之类，最重要的是可以存放废弃的水或茶汤。

茶船漏水的方式有两种：一种是下面有一个水盘，废水通过茶船的孔流到下面的茶盘里，等茶盘里的水满了直接倒掉；另外一种是下面没有茶盘，要接一根管，然后管的另一端接一个贮水桶，使上面的废水直接流入贮水桶里。选择哪种流水的方式的茶盘要根据情况而定，下面带水盘的适合喝茶人数比较少的情况；接管的比较适合喝茶人数多的时候。

每次使用完毕，除了要清洗茶杯茶壶，最好还要清洗茶盘，如长时间不清洗会发霉或污垢存留。

（三）闻香杯、品茗杯

想品出一杯好茶，杯尤其重要。闻香杯用来嗅闻茶香，品茗杯用来品尝茶汤。闻香杯和品茗杯质地多样，常见有瓷的、陶的、紫砂的、玻璃的。造型有半圆形的、碗形的、盏形的等。

（四）杯托（茶垫）

有杯就一定要有杯托，缺一不可。杯托用于垫杯子，使杯子不直接接触桌面，以免烫到手或烫坏桌面。材质有木质的，如花梨木、鸡翅木、竹木；还有瓷的、陶的、紫砂的、金属的、棉布的等。形状有长方形的，也有正方形、圆形或异型的。

杯托一般和杯子搭配使用，紫砂的杯子最好配紫砂的托；瓷的杯子尽量配瓷的杯托，木质、金属杯托比较没有局限性，可以配任何质地的杯子。另外，

杯托的形状应与杯相配。

瓷的或紫砂杯托使用时尽量轻拿轻放，避免碰碎；木质的就比较耐用一些。另外在使用时同其他茶具一样要及时清洗，保持干净整洁。

（五）公道杯

也称茶海、茶盅，除潮汕工夫茶外，公道杯都是必不可少的。

公道杯主要是盛放泡好的茶汤，起到中和、均匀茶汤的作用。

公道杯质地有紫砂、陶瓷、还有玻璃的，大部分有柄，也有不带柄的；各别公道杯本身带过滤网。玻璃的茶海因能够清楚、准确地看到茶汤的颜色，故最为常见。

（六）滤网

滤网放在茶海上与茶海配套使用，主要的用途是过滤茶渣。滤网的外观、式样和公道杯相配就可以。在使用时和其他茶具一样要及时清理，可用细的小毛刷将网子上的茶垢清理干净，可使茶汤过滤得更顺畅。

（七）盖碗

又称盖杯，分为盖、杯身、杯托，即可闻香、观色又可品茗，以江西景德镇出产最为著名。

盖碗可用来当做泡茶的器皿，也可作为个人品茗的茶具，质地以瓷质为主，也有紫砂和玻璃质地的。有大、中、小之分。

男士一般选择大的盖碗，手握起来比较方便；女士则尽量选择中、小型的，拿起来比较顺手。如果用它来做泡茶的器皿，则最好选用大号的。还有要看盖碗杯口的外翻程度，外翻越大越不容易烫手，越容易拿取。

如果作为泡茶器皿，盖碗要先温杯，然后放茶，再注水。七成为宜，过满很容易烫手。斟倒茶汤时食指扶在盖的中间，拇指和中指提在杯的边缘，盖和杯身之间留有缝隙，然后进行斟倒。如果品饮使用，男女则有不同，女士饮茶讲究轻柔静美，左手持杯托端盖碗于胸前，右手缓缓揭盖闻香，随后观赏汤色，右手用盖轻轻拨去茶末细品香茗；男士饮茶则讲究气度豪放，潇洒自如。

（八）水方

水方也称水盂，用来盛放用过的水及茶渣。类似于茶船。

水方的质地要和茶以及其他茶具相搭配，如果人数少使用水方比较方便，体积小又比较轻便，但应及时清理。

（九）壶承

壶承主要是用来承放茶壶的容器，可用来承接温壶泡茶的废水，避免水弄湿桌面。可与水方搭配使用。

壶承一般为紫砂、陶、瓷质。最好选择与壶相配套的材质。壶承有单层和双层的，一般为圆形。无论哪种材质最好在壶底热一个壶垫，可以避免摩擦。

◆ 辅助用具

1. 茶艺用具

是泡茶必不可少的用具，包括茶则、茶匙、茶夹、茶漏、茶针、茶筒。

茶则：用来盛取茶叶；茶匙：协助茶则将茶叶拨至泡茶器中；茶夹：代替手清洗茶杯，将茶渣从泡茶器皿中取出；茶漏：扩大壶口的面积，防止茶叶外溢；茶针：当壶嘴被茶叶堵住时用来疏通；茶筒：用来收纳茶则、茶匙、茶

夹、茶漏和茶针的容器；茶艺用具一般为木质的，有檀木、花梨木、鸡翅木和竹木等，也有金属、骨等材料制成的。使用时要注意保持整套用具的干爽、清洁，手拿用具时不要碰到接触茶叶的位置，摆放时不要妨碍泡茶的过程。

2. 茶荷

茶荷用来欣赏干茶，有瓷、紫砂、玉等材质。无论哪种质地和形状的茶荷都应方便观赏干茶的颜色和形状。

3. 茶巾

在整个泡茶过程中，茶巾用来擦拭茶具上的水渍、茶渍，能够保持桌面干净整洁。茶巾一般为棉、麻质地，吸水性好，颜色雅致，与茶具相配搭。茶巾要经常清洗，晾干后继续使用。

4. 茶仓（茶叶罐）

茶仓用来盛装、储存茶叶。常见材质有瓷、紫砂、陶、铁、锡、纸等。

茶仓要防潮、无异味、不透光。因为茶有容易吸味、怕潮、怕光和变味的特点。锡罐密封、防潮、防氧化、防异味的效果最好；铁罐密封不错但隔热较差；陶罐透气性好；瓷罐密封性稍差但外形美观；纸罐有一定的透气性和防潮性。

应根据不同的茶叶选择不同的茶叶罐，例如普洱茶适合陶罐；铁观音适合瓷罐或锡罐；红茶适合紫砂或瓷罐；绿茶无论用哪种罐子最好密封放入冰箱里保存。

5. 茶刀（普洱刀）

茶刀用来撬取紧压茶的茶叶，有牛角、不锈钢、骨质等材质，多为针状、刀形。针状的适合压的比较紧的茶叶；刀适合普通的紧压茶。

6. 茶趣用品（茶宠）

一般为紫砂质地，造型各异，有瓜果梨桃、各种小动物、各种人物等，生动可爱，用来装饰、美化茶桌的，可在泡茶过程中增加情趣。要经常用茶汁浇淋表面，用养壶巾、养壶刷进行保养，慢慢也会养出光润、养出灵气。

7. 备水器

备水器煮水用具，用来加煮开水，有不锈钢、铁、陶和耐高温的玻璃材质。热源有酒精炉、电热炉、电磁炉和炭炉等。目前多见的是不锈钢随手泡。

Item 项目 13

茶文化

茶艺服务

模块一
茶与佛家、道家

◆ 茶与佛家

汉以前，道家自然、现世的想法占据主流。到了汉代，儒家的思想渐成为重心，规范、约束受到重视。唐代以后，佛教思想已深入人们的生活，茶文化中融入了各家思想，进入了一般人的生活。

不论是道家、儒家或者是佛家，都主张“清净”。茶文化融合了这三家思想，佛家中我们研究茶文化，无法脱离中国传统的儒、释、道文化。

◆ “吃茶去”公案

唐代赵州和尚（从谂禅师）(778—897年)常以“吃茶去”解人迷惑。他终生致力于修道求禅，曾说：“一个三岁小孩，如果比我强，我也会请教他；但如果是一个不如我的百岁老人，我也不怕教导他。”在他立下这个心愿之后的二十年内，他遍访名僧，年约八十岁到达河北省正定府赵州观音院（今柏林寺）担任主持四十年。他讲禅时态度从容，常常说出禅的真谛，人们以“唇上发光”称许他的禅风。不管走路、吃茶或吃饭，都靠自己完成，凡事尽心尽力，毫不敷衍，那么无论身在何处，都是真实生命的体现，所谓“路一步一步地走；饭一口一口地嚼。”赵州茶，也可说根本不是茶，而是禅意的滋生，禅者由于感受到其中的美，才一口气吃干，正如马祖禅师所说：“一口吸尽西江水”。

◆ 名山名寺出名茶

据《庐山志》记载，早在晋代，庐山上的“寺观庙宇僧人相继种茶”。庐山东林寺名僧慧远，曾以自种之茶招待陶渊明，吟诗饮茶，叙事谈经，终日不倦。唐代许多名茶出于寺院，如普陀山寺僧人广植茶树，形成著名的“普陀佛茶”，至明代，普陀山植茶传承不断。又如宋代著名产茶盛地建溪，自南唐便是佛教盛地，三步一寺，五步一刹，建茶的兴起首先是南唐僧人们的努力，后来才引起朝

廷注意。陆羽、皎然所居之浙江湖州杼山，同样是寺院胜地，又是产茶盛地。唐代寺院经济很发达，有土地，有佃户，寺院又多在深山云雾之间，正是宜于植茶的地方，僧人有饮茶爱好，一院之中百千僧众，都要饮茶，香客施主来临，也想喝杯好茶解除一路劳苦。所以寺院植茶是顺理成章的事。在茶的生产制作方面，佛教僧侣作出了重要贡献。

◆ 茶与道家

据称，道家最伟大的茶人大概要算陶弘景（466—536年）。陶弘景为南朝齐梁时期著名的道教思想家。唐代著名道家女茶人李冶，又名李季兰，出身名儒，入道观为道士。据说，陆羽幼年曾被寄养李家，李与陆羽交情很深。后来，她在太湖的小岛上孤居，陆羽亲自乘小舟去看望她。李季兰弹得一手好琴，长于格律诗，在当时颇有名气。天宝年间，皇帝听说她的诗作得好，曾召之进宫，款留月余，又厚加赏赐。德宗时，陆羽、皎然在苕溪组织诗会，李冶是重要成员，所以，曾有人说，是这一僧、一道、一儒共同创造了唐代茶道格局。

模块二
中外茶俗

◆ 中国茶饮习俗

俗话说“千里不同风，百里不同俗”。中国地大物博，是一个多民族的国家，共有56个民族，由于所处地理环境和历史文化的不同，不同地域、不同民族的饮茶风俗也各不相同。即使是同一民族，在不同地域，饮茶习俗也各有千秋。不过把饮茶看做健身的饮料、纯洁的化身、友谊的桥梁、团结的纽带，在这一点上又是共同的。

汉族的饮茶方式，大致有品茶和喝茶之分。大抵说来，以鉴别香气、滋味，欣赏茶姿、茶汤，观察茶色、茶形为目的，谓之品茶；以清凉、消暑、解渴为目的，手捧大碗急饮者或不断冲泡，连饮带咽者，谓之喝茶。在我国各地的汉族喝茶习俗多样，如杭州喜饮龙井；在闽南及广东潮州汕一带尚啜乌龙；在四川成都、云南昆明等地常饮的盖碗茶；流行于中国西南地区，以云南昆明一带最为时尚的九道茶；广东的早市茶（又称早茶）以及早年北京的大碗茶，闻名遐迩。

西藏及云南、四川、青海、甘肃等省的部分地区藏族同胞喝酥油茶如同吃饭一样重要。“其腥肉之食，非茶不消；青稞之热，非茶不解”。酥油茶是一种在茶汤中加入酥油等佐料，再经特殊方法加工而成一种茶汤，是补充营养的主要来源。

新疆天山以南的维吾尔族人爱喝茯砖茶敲碎成小块制成的香茶。南疆与北疆维吾尔族煮奶茶使用的茶具是不一样的，其使用的是铜制的长颈茶壶，也有用陶质、搪瓷或铝制长颈壶的，而喝茶用的是小茶碗。

宁夏、青海、甘肃三省（区）回族代表性的是喝刮碗子茶。使用的茶碗、碗盖和碗托或盘组成的茶具，俗称“三件套”。冲泡茶时，还放有冰糖、红枣、桂圆干、枸杞子等，通常多达八种，故曰“八宝茶”。

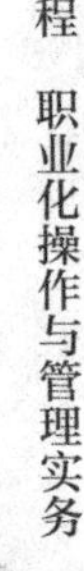

内蒙古及其边缘的蒙古族人的传统饮茶是咸奶茶。在牧区，他们习惯于 “一日三餐茶”，却往往是“一日一顿饭”。用的多为青砖茶或黑砖茶，煮茶的器具是铁锅。

云南、贵州、湖南、广西毗邻地区的侗族、瑶族和这一地区的其他兄弟民族虽习俗有别，但却都喜欢喝打油茶。做打油茶一般经过四道程序：选茶、选料（通常有花生米、玉米花、黄豆、芝麻、糯粑、笋干等）、煮茶与配茶（庆典或宴请用，将事先准备好的食料，先行炒熟，取出放入茶碗中备好。然后将油炒、煮而成的茶汤，捞出茶渣，趁热倒入备有食料的茶碗中供客人吃茶）。

在湘、鄂、川、黔的武陵山区一带居住的土家族同胞至今还保留着一种古老的吃茶法，这就是喝擂茶。擂茶，又名“三生汤”，是用生叶（指从茶树采下的新鲜茶叶）、生姜和生米仁等三种生原料经混合研碎加水后烹煮而成的汤，故而得名。

主要分布在云南大理的白族是一个好客的民族，大凡在逢年过节、生辰寿诞、男婚女嫁、拜师学艺等喜庆日子里，或是在亲朋宾客来访之际，都会以“一苦、二甜、三回味”的三道茶款待。第一道“清苦之茶”，寓意做人的哲理：要立业，就要先吃苦；第二道“甜茶”，寓意人生在世，做什么事，只有吃得了苦，才会有甜香来；第三道“回味茶”，它告诫人们，凡事要多回味，切记先苦后甜的哲理。

主要居住在新疆天山以北的哈萨克族、维吾尔族、回族等兄弟民族，通常用铝锅或铜壶煮奶茶，喝茶用大茶碗。

居住在鄂西、湘西、黔东北一带的苗族及部分土家族人有句谚语说：“一日不喝油茶汤，满桌酒菜都不香”。八宝油茶汤的制作原料有玉米、黄豆、花生米、团散、豆腐干丁、粉条等。

甘肃六盘山区一带的彝族同胞有喝罐罐茶的嗜好。以喝清茶为主，少数也有用油炒或在茶中加花椒、核桃仁、食盐之类的。由于茶的用量大，煮的时间长，所以，茶的浓度很高。

在广西与湖南、广东、贵州、云南等地山区居住的瑶族喜欢喝一种类似菜肴的咸油茶，他们认为喝香中透鲜、咸里显爽的咸油茶可以充饥健身、祛湿邪、开胃生津，还能预防感冒。主料茶叶，配料有大豆、花生米、糯粑、米花之类，制作讲究的还配有炸鸡块、爆虾子、炒猪肝等。另外，还备有食油、盐、姜、葱等调料。

云南西双版纳地区景洪一带的基诺族的凉拌茶和煮茶较为罕见。凉拌茶是以现采的茶树鲜嫩新叶为主料，再配以黄果叶、辣椒、食盐等佐料而成；煮茶是将煮沸的茶汤注入竹筒，供人饮用。竹筒，基诺族既用它当盛具，又用它作饮具。

云南的红河、西双版纳地区以及江城、澜沧、墨江、元江等地，喝土锅茶是哈尼族的嗜好，这是一种古老而简便的饮茶方式。用土锅（或瓦壶）将水烧开，随即在沸水中加入适量茶叶，煮沸后倾入用竹制的茶盅内，一一敬奉给客人。

云南的怒江、丽江、大理、迪庆、楚雄、德宏以及四川的西昌等地，喝油盐茶是傈僳族人广为流传的一种古老饮茶方法。因在茶汤制作过程中加入了食油和盐，所以，喝起来香喷喷，油滋滋，咸兮兮，既有茶的浓醇，又有糖的回味。

云南西双版纳以及临沧、澜沧、双江、景东、镇康等地的部分山区的青竹茶是一种方便而又实用的饮茶方法，一般在离开村寨务农或进山狩猎时采用。将煮好的茶汤倾入事先已削好的新竹罐内，便可饮用。因将泉水的甘甜、青竹的清香、茶叶的浓醇融为一体，所以，喝起来别有风味。

云南丽江地区纳西族人爱喝一种具有独特风味的“龙虎斗”，他们认为此茶是治感冒的良药。此外，还喜欢喝盐茶。“龙虎斗”制作方法也很奇特，是将煮好的茶汤冲进盛有白酒的茶盅内。盐茶，其冲泡方法与龙虎斗相似，不同的是在预先准备好的茶盅内，放的不是白酒而是食盐。此外，也有不放食盐而改换食油或糖的，分别取名为油茶或糖茶。

◆ 世界茶饮习俗

全世界有一百多个国家和地区的居民都喜爱喝茶，饮茶方法和习俗各有千秋。

埃及人喝甜茶 埃及人喜欢饮甜茶。他们招待客人时，常端上一杯热茶，里面放入许多白糖，同时送来一杯供稀释茶水用的水，表示对客人的尊敬。

俄罗斯人喜欢饮红茶。他们先在茶壶里泡上浓浓的一壶红茶，喝时倒少许在茶杯里，然后冲上开水，随自己的习惯调成浓淡不一的味道。

非洲人喝薄荷茶。北非人喝茶，喜欢在绿茶里加几片新鲜的薄荷叶和一些冰糖，此茶清香醇厚，又甜又凉。有客来访，主人连敬三杯，客人需将茶喝完才算礼貌。

南美洲人喝马黛茶。在南美洲许多国家，人们把茶叶和当地的马黛树叶混合在一起饮用。喝茶时，先把茶叶放入筒中，冲上开水，再用一根细长的吸管插入

到大茶杯里吸吮。

泰国人喝冰茶。泰国人饮茶的习惯很奇特，他们常常在一杯热茶中加入一些小冰块，这样茶很快就冰凉了。在气候炎热的泰国，饮用此茶使人倍感凉快、舒适。

印度人喝奶茶。印度人喝茶时要在茶叶中加入牛奶、姜和小豆蔻，沏出的茶味与众不同。他们喝茶的方式也十分奇特，把茶斟在盘子里啜饮，可谓别具一格。

英国人喝红茶。英国人常在茶里掺入橘子、玫瑰等。据说这样更能发挥保健作用。英国人喝茶的历史并不长，200多年前中国茶叶传入英国时，英国人还把它看做稀世珍品。而如今，英国已成为世界上茶叶销售量最大的国家之一，每人年平均约需3.5千克茶叶。一些英国人早上未起床就要喝一杯浓茶，有人把它称作“被窝茶”。而一般人都要喝下午茶，多在下午四五点钟，内容也不仅是茶，还有面包、黄油、火腿、香肠、三明治等。

缅甸人爱喝一种怪味茶。说怪是因为它的制法和味道特殊。首先将茶叶泡开，然后与黄豆粉、洋葱末、虾米松、虾将酱油和炒熟的辣椒粉拌匀后饮用，有时还要放点盐。此茶辣、涩，腥、甘、咸五味俱全。他们喝得津津有味，别人叹为观止。

美国人喝“速冲茶”。美国人饮茶的历史从18世纪开始，1902年市场上出现了“袋装茶”后，茶叶销售量大增。20世纪30年代美国人制成了一种“速冲茶”，就是将茶叶经过特殊处理加工成小粒（一般含糖），饮用时用水一冲即可。因其方便、快速而极受欢迎。

附录1

茶艺常用专业术语中英文对照

茶具 tea set

茶匙 teaspoon

茶针tea needle

茶夹tea clip

茶漏 tea funnel

茶则 tea shovel

茶杯 tea cup

茶盘 tea tray

茶荷 tea saucer

茶壶 tea pot

紫砂茶壶 ceramic tea pot

茶仓 tea caddy

茶杯垫 tea mat

滤网 tea strainer

新茶 fresh tea

砖茶 brick tea

毛茶 crudely tea

散茶 loose tea

花茶 scented tea

上茶offering tea

淡茶weak tea

浓茶 strong tea

茶园 tea garden

茶馆tea house

减肥茶 diet(slimming)tea

保健茶 tonic tea

美容茶 cosmetic tea

姜茶 ginger tea

速溶茶 instant tea

擂茶 mashed tea

盖碗茶 tureen tea

茶艺表演 tea-serving performance

附录2

茶馆常规服务用语中英文对照

1 您好！欢迎您光临***茶艺馆。

Good morning ! (or Good afternoon， Good evening!) Welcome to *** Tea House.

2 您里面请！

This way， please!

3 您是第一次光临我们茶楼吗？

Is this your first time to come to our tea house?

4 您是坐雅座还是坐包间？

Would you like to choose separate room or to sit in the hall?

5 打扰一下！这是我们的茶单，请您选择喝哪种茶。

Excuse me! This is our tea menu， please make your choices. Take your time.

6 需要我给您介绍一下特色茶吗？

Would you like me to introduce our specialized tea?

7 您平时喜欢喝哪种茶？

What kind of tea do you usually prefer to?

8 这是您点的西湖龙井。

Here is your Xi’hu Longjing tea.

9 您喜欢浓一些还是淡一些？

Which would you like， heavy or light?

10 绿茶可以提高人身体的免疫力，还可以辅助消化。

Green tea could improve your immunity and enhance the digestion as well.

11 高档绿茶冲泡的水温不宜太高，应以75~80℃为宜。

Water temperature between 75 and 80 centigrade is preferred for high level green tea.

12 请问现在可以为您泡茶了吗？

Excuse me， Do you mind me preparing tea for you at present?

13 泡茶用的水，以天然的山泉水为最好。

Natural mountain spring water is best for tea.

14 您需要存茶吗？

Do you need to store tea?

15 请您慢用。您如果有需要，请您按旁边的红色按钮（叫我们，随时等候为您服务）。

I hope you will enjoy it. If you want something else， Please push the red button nearby and let me know.

16 请您稍等。

Please wait for a moment.

17 您好！我可以为您更换茶船吗？

Excuse me! Do you mind me cleaning your tea tray?

18 您看一下，这是我们茶楼的存茶表格。

Excuse me! This is our price list for tea-storing .

19 对不起，打搅一下，我给您壶里加点水。

Sorry to trouble you. It’s better to add some more water.

20 您好，有什么需要吗？

Hello! What can I do for you?

21 您需要结账吗？请稍等。

Do you need to pay for it? Please wait for a moment.

22 您一共消费180元，收您200元请您稍等。

Well， 180 yuan in total. 200 yuan， thank you. Please wait for a minute.

23 这是找您的零钱和发票，您放好。

Here are your changes and your invoice . Please take them with you.

24 请您带好您的物品，欢迎您下次光临。

Please take all your belongings. Hope to see you again!

25 您慢走，欢迎您再次光临。

Thank you for your coming! Hope to see you again!

注：本部分参考《茶艺服务》（田立平主编，旅游教育出版社，2007年出版）中相关内容

后记 Postscript

当态度成为竞争的决胜武器时，你准备好了吗？

流行的不一定是好的，好的品牌一定盛行。

有人说，品牌不到几十年都不叫品牌。麦当劳五六十年，可口可乐一百多年，杜邦两百多年，“水井坊”宣传语说用了600年的过程，法国拉图酒庄也有着600多年历史。再看看全聚德与东来顺也上百年历史了，你联想到了什么？仅仅看一圈拿着照相机拍摄一下，这不是学习的态度。

有人说，如果老天爷不曾给你显赫的家世和高等名校的学历这两把金钥匙，那么，态度将是唯一能使你胜出的第三把金钥匙。1997年，英国路透社发出一张英国查尔斯王子与一位街头游民合影的照片。原来，这是一段惊异的重逢。他们曾就读于同一所学校，还彼此互相取笑大耳朵。后来查尔斯的同学曾是一名作家。把曾经的名作家推向街头变成游民，是英国的不景气吗？不是，是他两度婚姻失败后的自暴自弃，从他放弃正面的态度那刻起，他也输掉了一生。

态度是学历、经验之外，人格特质的总和。态度，是一个人成功的关键。你的人生拥有几把金钥匙？如果没有第一把与第二把金钥匙，能否拥有第三把金钥匙，主控权在你身上。

点燃态度的火种，是目标与热情。曾被《华尔街日报》誉为“态度之星”的哈维尔在其著作《态度万岁》中指出：要培养态度，首先必须找出人生目标与热情，没有他们，很容易迷失方向，深陷于挫折中。有了梦想，立即把它写下，并为它订下可操作的行动策略，只要目标一经确定，就告诉自己：永不放弃、永不停止。坚持的态度是通往成功的道路。有人说，肯不肯付出、肯不肯学习、肯不肯接受鞭策是新时代年轻人能否成功的关键态度。心若改变，态度就会改变；态度改变，习惯就会改变；习惯改变，人生就会改变。

当态度成为竞争的决胜武器时，你准备好了吗？

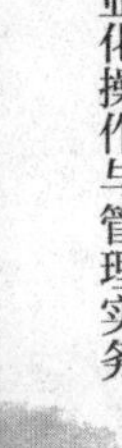

在生命中，你认为至今影响你的重要态度是什么？

在生命中，你认为自己最棒的态度是什么？

在生命中，你认为自己最缺乏的态度是什么？

态度比事实重要，也比个人背景、教育程度、金钱、环境、失败、成功、其他人的想法或做法重要，更比人的外表、天赋或技能重要。态度足以影响一家公司、一个团体、家庭或个人的成败。态度可以使你健康；态度可以使你积极工作，积极生活；态度可以使你诚信；态度可以让你成功。具有乐观、谦虚的态度时，你永远愿意谦卑受教、追求成长，因为你相信人外有人、天外有天；具有勇敢的态度时，你不会永远躲在舒适圈里寻求安全感，你会乐于接受改变、接受挑战，你的生命必定非常丰富；具有接纳的态度时，你不会怨天尤人，你会接纳不完美，并使他成为你生命中的祝福，便有机会享受人生，你会懂得欣赏他人的优点，接纳他们不同的部分，你的人际关系必然会成为你生活中最大的帮助；具有大方的态度时，你不会在小事上斤斤计较，而有足够的能量在大事上追求……态度无法分出绝对的好坏，它是一种选择，但它将决定你的高度。幸运的是，你每天都可以自行决定采取何种态度。

我们无法改变过去，我们无法改变别人的反应方式，我们也无法改变终究会发生的事。我们唯一能做的，就是紧紧把握我们手中已经拥有的，这就是我们的态度。我们相信，人生10%来自你遭遇到的事，90%是你应对的态度。

因此，一切都在于你的手上。

你准备好了吗？

杨谊兴

二零一五年五月

鸣谢

在此，特别感谢在本书成书过程中为我们提供协助的机构：

北京外事学校

福建农林大学北京校友会

北京茶知味茶业有限公司

北京鼎泰华工贸有限公司

鼎泰华（北京）茶业有限公司

知茗堂（北京）茶业有限公司

拙朴堂（北京）商贸有限公司

华睦（北京）文化传媒有限公司

华睦（北京）知识产权代理有限公司

北京益友盛世科贸有限公司

北京国盛恒业商贸有限公司

北京明水堂茶业有限公司

宝篆沉香

东方茶韵国际文化交流中心

乌龙江/皇家茗品/山峡云雾品牌茶

北京汲香阁茶文化交流中心

北京春潮茶文化发展中心

北京清香林茶艺文化有限公司

天津德暄阁茶苑

安溪柏芳茶厂

天行健茶行

雨阳轩茶庄

北京福海

铭全茶庄

游山茶坊

周记普洱

信和茶学院

福建省天禧御茶园茶业有限公司